劉玉玲 譯　生物老師 鮏立心 番訂

肉眼
看不見的
世界
①

忙碌的細胞小將

身體有好多細胞，它們都在做什麼呢？
帶大家直擊細胞小將們的日常！

너무 작아서 눈에 보이지 않는 것들 1
눈코 뜰 새 없이 바쁜 세포의 하루

目錄

肉眼看不見的世界1：
忙碌的細胞小將

1. 你知道細胞的存在嗎？⋯⋯⋯⋯004

Short Interview 01 人類篇1 ⋯⋯⋯009

2. 為你解開外表的祕密──

答案就是細胞！⋯⋯⋯⋯⋯010

Short Interview 02 細胞篇1 ⋯⋯016

3. 細胞是工廠嗎？⋯⋯⋯⋯⋯⋯019

Short Interview 03 細胞篇2 ⋯⋯023

4. 細胞膜──

細胞工廠的牆壁、大門和招牌 ⋯024

Short Interview 04 細胞膜篇 ⋯⋯028

5. 細胞質──細胞裡的所有物質 ⋯⋯029

Short Interview 05 細胞質篇 ⋯⋯032

6. 粒線體──細胞裡的發電廠 ⋯⋯033

Short Interview 06 細胞篇3 ⋯⋯039

7. 細胞核──藏有工程圖的控制室 ⋯040

Short Interview 07 細胞核篇 ⋯⋯044

8. RNA──細胞裡的特務 ⋯⋯⋯045

Short Interview 08 rRNA篇 ⋯⋯049

9. 產品完成了！──核糖體與內質網 ⋯050

Short Interview 09 核糖體篇 ⋯⋯054

10. 工作量過大的高基氏體郵局！⋯⋯055

Short Interview 10 內質網篇 ⋯⋯059

11. 溶體──

把細胞打掃乾淨的清潔工 ⋯⋯060

Short Interview 11 溶體篇 ⋯⋯065

12. 交換物質的細胞們 ⋯⋯⋯⋯⋯067

Short Interview 12 物質篇 ⋯⋯072

13. 細胞，成長！⋯⋯⋯⋯⋯⋯⋯073

Short Interview 13 細胞生長篇 ⋯083

14. 細胞生病了？──疾病 ⋯⋯⋯084

Short Interview 14 人類篇2 ⋯⋯087

15. 細胞為什麼會生病？……………088

Short Interview 15 疾病篇 ……092

16. 細胞，適應！ ……………093

Short Interview 16 新婚夫妻篇 ……097

17. 細胞的身體變大了？──肥大 ……098

Short Interview 17 肥大篇 ……102

18. 細胞的數量變多了？──增生 ……103

Short Interview 18 肉芽篇 ……107

19. 怎麼會變成這樣呢？──萎縮 ……108

Short Interview 19 胞器篇 ……118

20. 讓你看看不一樣的我──化生 ……119

21. 細胞的受損與死亡1 ……125

Short Interview 20 細胞受損篇 ……128

22. 細胞的受損與死亡2 ……129

Short Interview 21 細胞死亡篇 ……139

23. 不正常的增生物，癌細胞！ ……143

Short Interview 22 癌細胞篇 ……151

24. 守護我們的身體！──免疫細胞 ……152

25. 免疫也有分種類！ ……160

26. 免疫反應的特性 ……170

Short Interview 23 哲秀先生篇 ……183

27. 你的身體不是你的身體？免疫特權區 ……185

Short Interview 24 肉眼看不見的東西篇 ……189

深入探索細胞的世界，

替你一次解決日常生活中，

想知道卻又無法準確說明的疑問！

在家裡使用的筷子和湯匙是用什麼做的呢？

答案就是金屬！

衣服，

是用細長的線做成的；

書本，

則是用紙張做的。

那麼人呢？人是用什麼做的呢？

人類當然是……

肌肉？

骨頭？

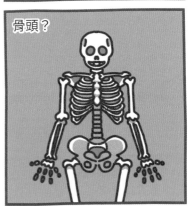

血液？

不對……好像都不是這三個。我不知道，我說我不知道啦！

幹麼沒事害我傷腦筋？
你！你是誰？

哈哈哈！我是細胞！人類就是由我組成的！

而且大約有 37 兆個細胞喔！

什麼！你說什麼！

我完全能夠了解你的驚訝！

首爾奧林匹克體操競技場，

就算全部塞滿，也只有 69,950 人！

人真的好多啊～

聽說裡面好像有 7 萬人左右呢！

小小的 10 元硬幣，

如果有 37 兆個的話，把它們全部放進公寓住宅區裡，不僅可以完全填滿，也還會有剩呢！！

不過人類小小的身體裡，竟然有那麼多細胞？你一定覺得不可思議吧？

你怎麼知道我在想什麼？你有讀心術嗎？

你大概猜不到我究竟有多小吧！

如果是 37 兆的話，也就是會比一粒沙子還要小，有可能嗎？

當然，你也許沒有看過，

我就說我沒看過細胞了嘛！那麼，你是說細胞在某個地方囉？

你可能不會那麼輕易相信。

我絕對不相信！你硬是要說它存在，就真的會存在嗎？那鬼魂也是囉？

我是真的存在！只是非常非常小，小到看不見而已。

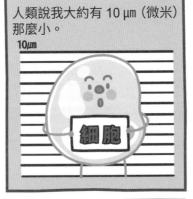

人類說我大約有 10 μm（微米）那麼小。

10μm

細胞

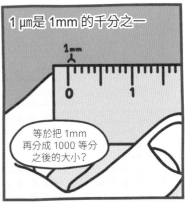

1 μm 是 1mm 的千分之一

1mm

等於把 1mm 再分成 1000 等分之後的大小？

把紙張上的點再分成 100 等分，大約就是細胞的大小。

把……把這個分成 100 等分？

所以如果把我的大小看成一顆乒乓球，

人類就會像是世界最高的聖母峰一樣巨大。

細胞！你在哪裡！
我看不見！

啊……好暈啊！
真是的……

現在就嚇到的話還太
早了！由細胞組成的東
西不只人類而已。

其實世界上所有的生命
都是由細胞組成的。

數量超乎想像的
細胞聚在一起，
構成了生命！

像是花、樹木這一類的植物，

還有大象、長頸鹿等等的
陸生動物，

以及像鯨魚、鯊魚一樣生活在海裡的生物，
全部都是！

小到看不見的細胞，滿滿
地聚集在一起，

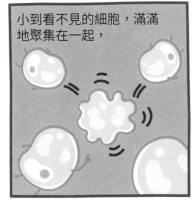

竟然構成了生命，

是不是一件非常不可
思議的事呢？這不就
像是魔法一樣嗎？

和每個生命一起經歷誕生到死亡這一連串過程的，

就是細胞我本人！

人類篇 1

Q。你真的不了解細胞嗎？

哎呀，當然不是囉！我都是大人了怎麼可能不知道呢？

那當然只是在演戲，Acting！

如果把我知道的都告訴對方，那不是會讓對方感到丟臉嗎？

你問我細胞是什麼？讓我來告訴你！

細胞按照功能特性不一樣，大小也非常多樣，但大部分是以微米為單位，所以肉眼幾乎看不見，只能用顯微鏡來觀察。細胞根據是否具有核膜、胞器，可以分成原核細胞與真核細胞。原核細胞沒有核膜，遺傳物質裸露在細胞質中，同時也沒有胞器；真核細胞有核膜，遺傳物質和細胞質區隔開來，細胞質裡有許多胞器。具有原核細胞的生物就叫做原核生物；具有真核細胞的生物就叫做真核生物

嘮嘮叨叨

我不想說話了！再見！

我還想說你不知道，本來打算要告訴你的，嗚嗚……明明都知道為什麼還要問我？嗚嗚……

事情大概會變成這樣，你明白了嗎？

哈——哈——哈啾！

你這個說謊的傢伙！我什麼都知道！你根本一點都不了解對吧？

呃！才不是呢！

我實在看不下去，所以才跑了出來！我是這個傢伙的腦細胞。

快點說實話！

真是的！我就說我都知道了啊！

啊啊！

討厭死了！

Chapter 02

為你解開外表的祕密—答案就是細胞！

很難相信所有的生命都是由細胞組成的，對吧？

沒錯……真不敢相信……

那是因為每個生物的外表都非常不同！

甚至同樣都是人類，每個人也長得不一樣。

濃眉大眼的人，斯文秀氣的人；

高的人，矮的人。

人與人之間相同的地方，就只有兩顆眼睛、一個鼻子、一張嘴巴，這種構造層面的部分而已。

你想問的是，細胞究竟是怎麼構成生命的？真是的！我都不知道該說些什麼了！

當然，你可能會有這種疑問，但是生命確實是由細胞所構成！

假如你沒有任何疑問，那肯定是騙人的。別擔心！今天就由我來揭曉這個祕密。

舉例來說，假如現在突然要做鬆餅，

卻不知道製作鬆餅時，應該放入哪些材料的話，該怎麼辦？

或者就算知道要放哪些食材，卻不曉得該怎麼用這些材料做出鬆餅，又該怎麼辦？

大部分的人會找製作鬆餅的食譜或影片來看。

喔——像這樣！

接著再按照內容，開始製作鬆餅，對吧？

細胞們在即將成為某個生物時，也會做一樣的事。

趕快把說明書拿出來看！我完全不知道該怎麼做！

我知道了啦！等一下！幹麼這麼著急？

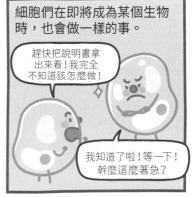

所有細胞的體內

嗖嗖

你看，都有像這樣的核。

核裡還有一個長得非常特別的傢伙，叫做染色體。

染色體就像是一本書，寫著和某個生物有關的所有事情。

因為我是人類的細胞，所以和人類有關的所有事，全都寫在上面。

其他生物的染色體又會不一樣。

每種生物的各個細胞，擁有的書本內容和數量都不一樣。

你的書跟我不一樣呢！

那當然！你是人類的細胞，我是貓的細胞。

這樣的差異讓物種的外表長得不一樣。

因為這樣，只要看了細胞裡的書，就能知道是什麼生物。

這也被應用在犯罪調查上，可以用來看出究竟是不是人類的血液。

所以細胞常常按照身體裡的書來製造生物，就像這樣！

書上說我們會變成人類耶！人類是什麼生物呢？

我好像會變成大腦。

我是眼睛？喔！原來長這樣啊！

給我！不管怎麼樣，我得看一眼才行！

啪

你看了又能知道什麼呢？你們人類看了也不會懂吧？

雖然稱它為書本，但實際上攤開來長這個樣子。很神奇吧！

這本書叫做 DNA，內容寫著只有我們細胞看得懂的文字。

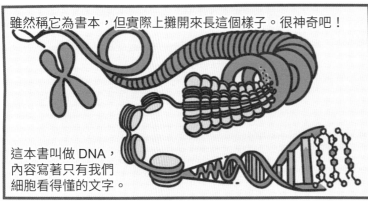

這樣一小節就是文字。

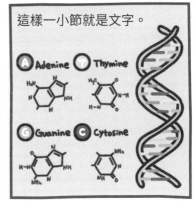

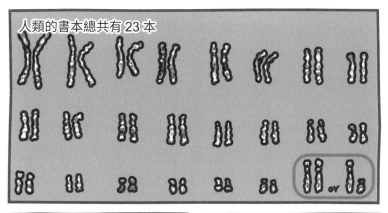

人類的書本總共有23本

文字的話，大約有 30 多億個？

問題就在於，每個人都有不同的文字。

喂！那邊那一位！過來一下！

好！

啊！

對不起！等等還給你，稍等一下喔！

你一定要這樣嗎！

這個就是其他人類細胞裡的書。我來試試看攤開相同的部分。

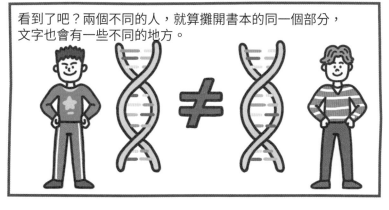

看到了吧？兩個不同的人，就算攤開書本的同一個部分，文字也會有一些不同的地方。

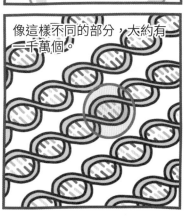

像這樣不同的部分，大約有一千萬個。

除了這些以外，剩下的部分，每個人所擁有的都一樣。是完全一樣喔！

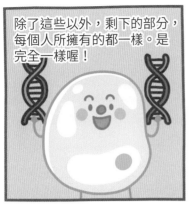

不過也因為這一千萬個不同的部分，就算有長得非常像的人，也不會有兩個人完全一樣的人。

所有的動植物也一樣，這就是個體之間外表產生差異的原因。

當然，文字產生差異的位置和數量也有可能不同。

如果要說爲什麼會這樣的話，那是因爲偶爾也會有出差錯的時候。

舉例來說，把「我讀過書了」寫成「我讀鍋書了」，在閱讀的時候，可能不會有太大的問題。

可能是想寫「我讀過書了」吧！

不過，如果把「我讀過書了」寫成「我賣過書了」，那麼意思就完全改變了！

你把書賣掉了？

如果發生這種內容完全錯誤的狀況，可就麻煩大了！

要是細胞組出了錯誤的形態，就會發生非常可怕的事！

HORROR

眼睛變成只有一顆，

或是頭變成兩個。

不是嘛，這也不是我們的錯啊！
一開始書本就寫錯了嘛！

我們只不過是照著做而已！
不要用那種眼神看我！

不管怎麼說！每個生物
為什麼長得不一樣，
你現在都知道了吧？

那是因為細胞裡書本的內容
和數量不同。

如果都一樣的話，那麼大家
都會變成相同的生物。
汪汪！
喵！

因為關於人類的一切都寫在這本
書裡，人類似乎也對書本的內容
非常好奇呢？
DNA，一定要把
DNA 全部弄懂才行！

好比打算改寫書本的內容，變成
一個全新的人。
我要改造基因，
製造出完美的
新人類！

等到有一天，人類能夠讀懂
所有的書，
啊哈哈！
我弄懂了！
我弄懂啦！

像是不會老化的人類，
你說我像 17 歲啊？哈哈
哈！我已經 2914 歲了呢！

或是力大無窮的人類，說不
定都會出現。
這樣的重量對
我來說只是小
意思啦！

那一天什麼時候
會到來呢？

Q 組成人類的 37 兆個細胞，都擁有一樣的染色體嗎？

可以這麼說。
人體的所有細胞都有**一樣的染色體**，不過有一些例外。

　　血液裡的紅血球細胞本身沒有細胞核，同樣也不會有染色體。另外，生殖過程必需的精子和卵子雖然有細胞核，但染色體卻只有一半。

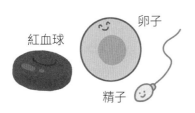

　　有些細胞擁有一個以上的細胞核，細胞核內的染色體型態雖然和其他細胞一樣，但因為擁有許多細胞核，所以可以說是有一樣的染色體，也可以說是不一樣。除了這些情況以外，可以說所有的細胞都有一樣的染色體。

Q 既然幾乎所有的細胞都有一樣的染色體，細胞的結構和功能為什麼會不一樣呢？

人體細胞確實具有相同的染色體，
但是表現出來的 DNA **片段**不一樣。

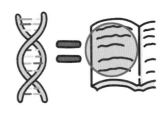

　　簡單來說，雖然所有細胞裡都有 23 本書，但每個細胞所閱讀的內容都不一樣。「全部的書都在細胞裡，怎麼可能每一次都讀同一個地方呢？」你是不是也曾這麼想過呢？那是因為，細胞會成長到只能夠閱讀某個特定部分的程度。

　　人體裡包含肌肉細胞、皮膚細胞、神經細胞等各式各樣的細胞種類。不過，這些細胞們最初並不是以這樣的模樣誕生的，一開始雖然沒有任何功能，但它們卻是一種能變成人體任何部位的特殊細胞。細胞的成長會決定它們將來即將成為人體的哪一個部位，細胞們也會配合該部位的需求，發展成具備特殊功能的細胞。這些細胞聚集在一起，就變成了我們所知道的眼睛、腦部等各種器官，而細胞所能夠閱讀的內容也受到了限制。細胞一旦生長完畢，就只能閱讀特定部分，不會接收到必須閱讀其他部分的訊息。

小到看不見的細胞

所有的生物都由細胞所構成。我們之所以無法看見細胞，都是因為細胞太過微小的緣故。細胞的大小約 10 μm，而 **1 μm 的長度就相當於 1 mm 的千分之一**。因為實在是太小了，所以用肉眼看，是看不見它的。

不過，使用顯微鏡之類的工具，就能親眼見到傳說中的細胞囉！

看得好清楚呢！

團狀的訊息—染色體

細胞裡有一個稱為**核**的構造，核裡面有**染色體**。染色體包括了各個生物成長、生存、繁殖必需的所有訊息。

染色體的結構看起來雖然複雜，但其實相當簡單。許多個名為**核苷酸**的小碎片，相互排列後形成了**基因**，基因聚集在一起變成了 DNA。這些 DNA 再加上負責連接、壓縮每條 DNA 的蛋白質，全部集結成一團塊狀物，就是我們所說的**染色體**。

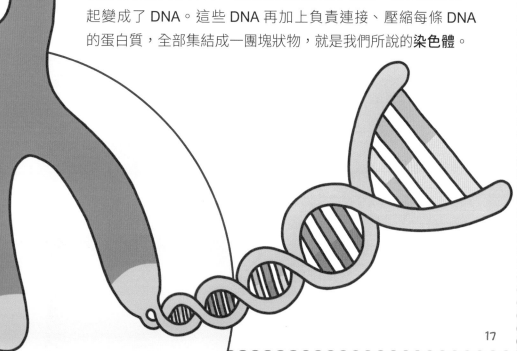

覺得很
困難嗎?

因為都是一些平常沒
有聽過的奇怪單字,
所以才會有這種感覺。

只要像我說的一
樣,試著思考看看,
細胞其實非常好
懂喔!

沒錯!
沒錯!

外表的差異

　　所有的生物都由細胞組成,但每個生物之所以有不同的外表,都是因為剛剛一直提到的染色體不一樣。根據不同生物,每個細胞所擁有的**染色體**數量、資訊內容也會不一樣,這樣的差別就造成了物種之間的差異。

　　你問我,同一種生物為什麼長相卻不一樣嗎?那是因為每個生物的鹼基排列方式都略微不同,可以想成書本的內容相同,但其中有幾個文字不同的情況。

　　舉人類為例,人體細胞內有 23 本書,書上總共大約有30 億個文字,不過這些文字中,大約有一千萬個字各不相同,也就是這些差異決定了人類的**外表**,其他的動物也是一樣的道理。

看似相同,
卻不同。

染色體
包含生物所有相
關內容的書本

基因
文章的一個
段落

DNA
書的內容

鹼基
文字

Chapter 03

細胞是工廠嗎?

物品不是只有形狀而已,

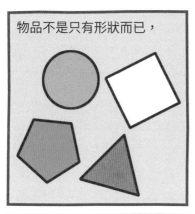

每個物品都扮演著某個角色。

剪刀可以用來剪東西,

膠水可以用來黏東西,

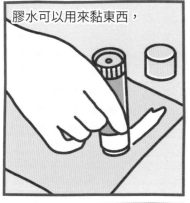

書包可以用來裝東西。

我也一樣。

雖然細胞能夠像這樣組成人的形體,但還不只有這樣!

細胞的角色就是工廠,24 小時都在運作的人體工廠!

雖然沒辦法和我相比，不過人類所創造的工廠非常多樣。

製造鉛筆的工廠，

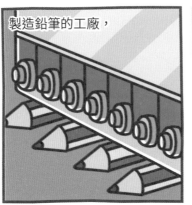

製造餅乾的工廠，

還有製造汽車的工廠等等。

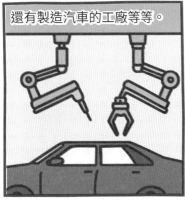

像這樣的工廠，能做出人類需要的東西。

人們拿著工廠做出來的物品，用它們來度過每一天。

細胞也一樣。人體就像一座蓋滿工廠的工業園區。

因為細胞製造出人們需要的物質，

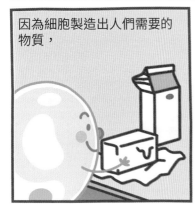

然後彼此交換，

經常互相往來的緣故，

人類才能夠到處走動，

或者做出動腦思考之類的事！

所以，一旦細胞出現問題，

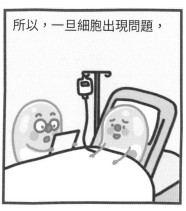

人的身體就會感到不舒服，

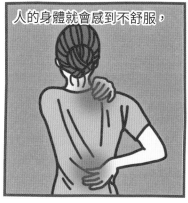

嚴重一點的話會生病，

甚至可能造成行動不便，

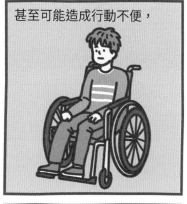

還有可能會死亡。是不是非常可怕呢？

試著想想！工廠也一樣。如果有一間工廠倒了，

生活會變得有點不方便。

泡麵工廠倒閉了……

沒關係～別吃泡麵就好了！

但是如果許多工廠都停止運作的話，

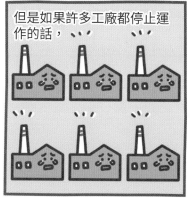

日子不就會變得非常辛苦嗎？

聽說工廠一下子全都倒閉了……

什麼？！哇……我們現在該怎麼辦啊……

也就是說，現在活得健健康康，

就代表體內的細胞工廠正在好好地運作。

相反地，如果身體有不舒服的地方，

就表示細胞工廠正在一間一間倒閉。

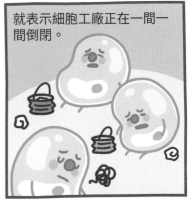

因為細胞健康，人也會健康。

而細胞一旦出問題，人也會跟著生病。

所以要替細胞著想，好好度過每一天！

有這麼多各式各樣的細胞工廠在為人類辛苦地工作，

除了我們以外，還有很多其他細胞喔！

骨細胞

結締組織細胞

脊髓的神經細胞

卵子

脂肪細胞

精子

骨骼肌細胞

平滑肌細胞

腦神經細胞

腸壁細胞

血球細胞

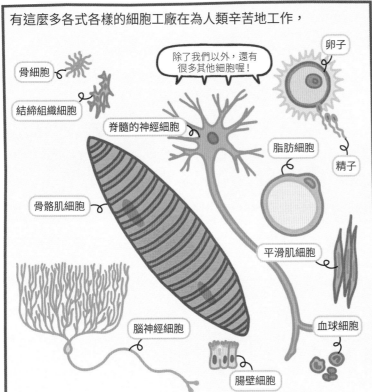

我們怎麼可以像人類那些傢伙一樣吃得胖嘟嘟，

或者因為過度減肥變得瘦巴巴，把身體弄壞呢？我們要健康！

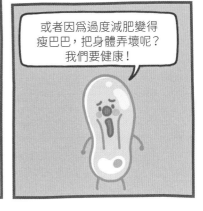

細胞篇2

你剛才似乎是瞧不起數十億的肥胖人士和 體重不足的人,對於這件事你有何解釋呢?

唉……

不不不!你在說什麼呢!

咚!

咚!

罵我們的人,是你嗎?

等等,冷靜一點……一切都是誤會……

大吃特吃

嘿

你看!吃東西的量比活動量還要多的話,就會變成這樣!

還有,要是吃的量比活動量還要少的話,就會變成這樣!

所以大家一起維持正常的體重,保持健康吧!我剛剛的意思就是這樣啊?

喔!所以你是說我們不正常囉?

嘿

我們是欺負細胞的壞蛋,你是這個意思嗎?

嘿

不……不是那樣的!

呃呃……

誤會啊……

觀察工廠的外觀，可以看見牆壁、門及招牌。

工廠的牆壁能把工廠內的機器和材料，和外面的環境分隔開來，讓工廠不會受到各種變化的影響，保持安全。

如果沒有牆壁的話，一旦下雨或下雪，工廠裡的東西就會全部故障。

說不定一陣強風吹來，也會把機器和材料吹走。

強盜或小偷也有可能進到工廠，破壞東西，帶走他們想要的物品。

門能夠讓必需的材料、成品以及工作人員進出。

掛上招牌，是為了告訴大家這是一間什麼樣的工廠。

飲料工廠

原來這裡是飲料工廠呀！

了解之後才發現，細胞膜和工廠的外部結構很像。

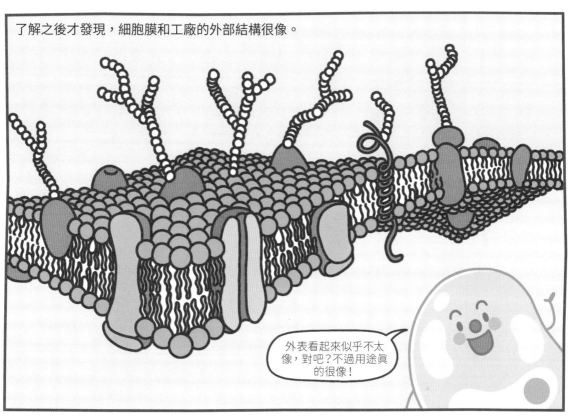

外表看起來似乎不太像，對吧？不過用途真的很像！

細胞的表面稱為細胞膜，

細胞膜由脂質、醣類、蛋白質組成。

簡單來說，把脂質當成是細胞的牆壁，

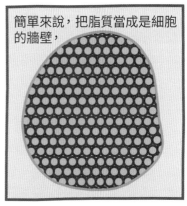

然後用蛋白質做出大門，

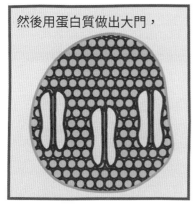

接著再掛上用醣類做成的招牌。

牆壁、門、招牌都有了！怎麼樣啊？構造真的很像吧！

脂質做成的牆壁，就像字面上
所說的那樣，是一面牆。

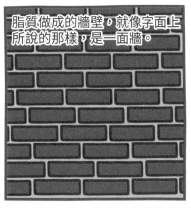

能夠將細胞的裡面和外面分開來，
保護細胞裡重要的機器和材料。

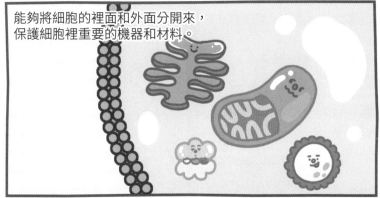

而夾在細胞膜上一顆顆凹凸
不平的顆粒！也就是剛剛所
說的門，

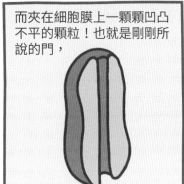

雖然看起來不是很牢靠，卻不
是任何人都能隨便進出的自動
門。

門只讓細胞運作所需的物
質進入，

並且讓細胞不再需要的物質，
以及細胞所製造的成品出來。

選擇性地開門，或者關門。

你，進來；你，回去！

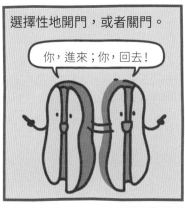

我剛才還說到了形狀奇特的
枝條，也就是醣類所做成的
招牌，對吧？

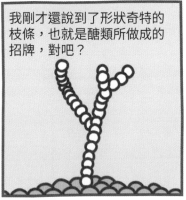

許多物質在細胞外來來往往，

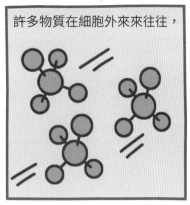

第一眼，它們會先看到細胞
膜上的枝條，

是這
裡嗎？

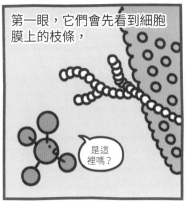

那麼，物質就會知道這個細
胞究竟是什麼樣的細胞，

××
細胞工廠

喔！
是這裡！

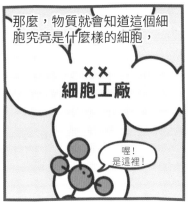

然後決定要不要提供材料。

要給嗎？還是不要？怎麼辦呢？

如果決定提供材料，

好，我決定了！

物質就會通過蛋白質所做成的門，進入細胞。

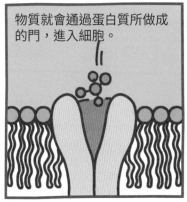

我們再看看工廠，這裡也無法隨便進入，

你是誰，你要進來嗎？

呃哈哈……那個……

不能隨便接受其他物品的地方嗎？

這是什麼？要拿來這間工廠的嗎？

嗯……不是這裡嗎？

如果那種荒謬的事，真的實際發生的話，

都進來吧！不管是誰，不管什麼東西，我們都接受喔！

工廠將會無法順利運作，

不是嘛……到底是想怎樣啊？

最後甚至可能會被炸彈炸毀。

細胞膜也是一樣，

只有維護細胞工廠的安全，

並保持適當的環境讓細胞正常運作，

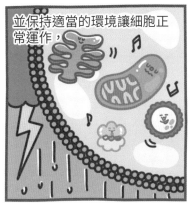

細胞和人類才能幸福！

 細胞膜篇

採訪者已邀請細胞、細胞膜進入對話群組。

細胞剛才介紹了細胞膜,但細胞膜您本人卻不在場,請問您有什麼看法呢?

細胞膜 你知道什麼叫做花花公子嗎?

細胞膜 花花公子就是整天只會吃喝玩樂、浪費時間,讓人無比失望的人!對細胞這麼了解,卻不好好工作,成天只會囉哩囉嗦,就是花花公子囉!

細胞 你在說誰?

細胞膜 你啊!就是你。

細胞 什麼?

細胞膜 但是,如果連我都整天不做事,只知道玩樂的話,那就完蛋了。所以我就安安靜靜地待著了!

哼!

細胞 不過說我是花花公子也太過分了吧!

細胞膜 那你就好好工作啊!

進到工廠裡，會發現裡面有許多東西。

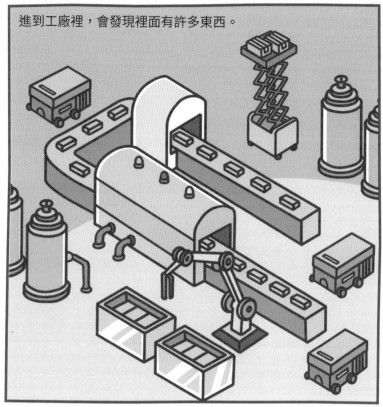

如果工廠正在生產汽車的話，就能看到汽車的外殼、引擎以及輪胎等各式各樣的材料，

組裝這些材料的機器也到處都是。

那麼我呢？

我的體內有什麼東西呢？

你看！我的體內滿滿的，都是這些東西喔！

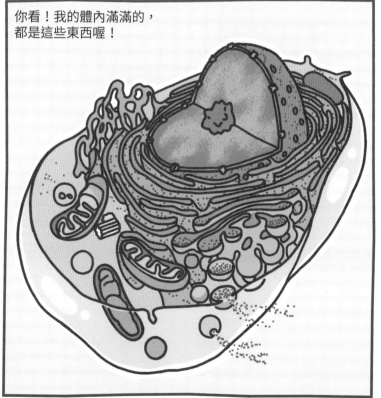

29

其中，中間那個長得像一顆圓球的東西，就是之前說過的核！

在細胞膜和核之間，可以看見一群非常特別的傢伙，它們就是讓工廠運作的機器。

什麼嘛？只有機器而已，沒有材料啊？

你再好好看一下！應該也會有材料啊？

胡說什麼啊！什麼都沒有！

哈哈！我開玩笑的，你當然看不見。

打滾

打滾

細胞膜裡面就像水球一樣充滿液體，而且是黏答答的液體。

材料溶在這些液體裡面，

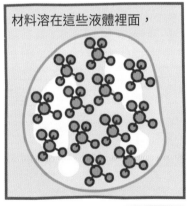

就像鹽水、糖水一樣，所以才會看不見。

鹽水

糖水

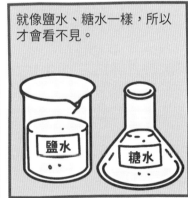

通過細胞膜進到細胞裡的任何物質也一樣，

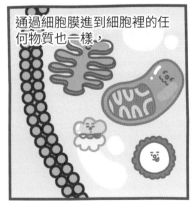

都會溶入細胞裡面的液體。

雖然你看不到我，不過歡迎你！

像這樣充滿細胞內部的液體，就叫做細胞質。

嘿嘿，你好！我是細胞質。

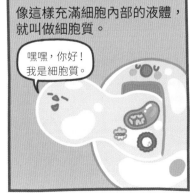

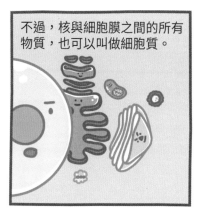

不過，核與細胞膜之間的所有物質，也可以叫做細胞質。

所以，如果不知道細胞裡的某個東西是什麼，隨便說是細胞質，也不算是錯誤的答案喔！噗哈哈！

這孩子是細胞質，那孩子也是細胞質，那邊那個也是細胞質。

不要逼我們生氣喔！如果是這樣的話，爲什麼人要有名字？都叫做人類不就好了！

我只是開玩笑的，幹麼發脾氣啊？你們也太容易激動了吧！

嗚！

哇

呃啊！

你好啊！我是核！因爲我是核心器官，所以叫做核！

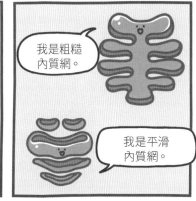

我是粗糙內質網。

我是平滑內質網。

我是粒線體，我的名字很酷吧？

我是高基氏體，不是瓦楞紙！

我是溶體。

我叫做核糖體，名字裡雖有一個糖，但我和糖果一點關係也沒有喔！

細胞質篇

採訪者已邀請細胞質進入對話群組。

細胞剛才亂開玩笑，害你都流到細胞外面了呢，你沒事吧？

細胞質 總之，都是孩子們太愛計較了！

細胞質 坦白說，難道是我說要把細胞核和細胞膜之間的物質叫做細胞質的嗎？才不是呢！是人類說的！是人類！但是這些傢伙卻突然大吵大叫，興奮地一個一個開始做自我介紹……

細胞質 真是一群可笑的傢伙！讓我來看看！噢，就是這個！粒線體、細胞核、內質網、高基氏體、核糖體、溶體，這些傢伙不能再相信了！

細胞質

我生氣起來是很可怕的！我可是一個非常小心眼的人，到死之前都會牢牢記住！

粒線體、細胞核、內質網、高基氏體、核糖體、溶體已加入聊天室。

 那……那個……

 對……對不起！我們好好相處吧！

細胞質 嘿嘿，早一點這麼做不就好了！好吧，既然你們都道歉了，這次我就放你們一馬。

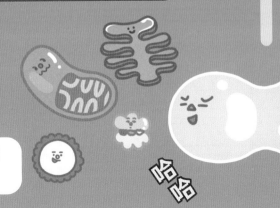

Chapter 06 粒線體—細胞裡的發電廠

想讓工廠的機器運轉，就需要能量，

機器的能量就是電力。

要是沒有電力，機器絕對無法運轉。

你這個破爛東西！為什麼不工作？

……
……

機器一旦無法運作，工廠就會做不出產品，

空蕩蕩～

變成一個可有可無的存在。

所以，工廠裡有能夠提供電力的發電廠，

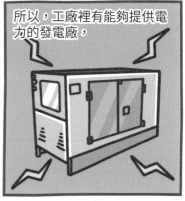

為了不讓機器工作到一半停止運轉，

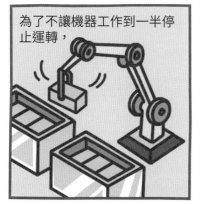

發電廠會不斷提供電力。

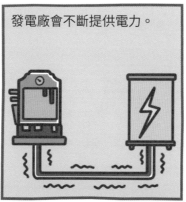

同樣地，細胞為了正常運作，也需要能量。

如果沒有能量的話，細胞就無法運作，

呃喔喔……
能量……

最後，細胞就會死亡。

而細胞當然像工廠一樣，也有發電廠。

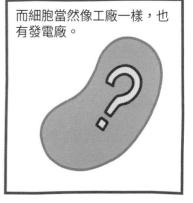

細胞的發電廠，就是這傢伙！粒線體！

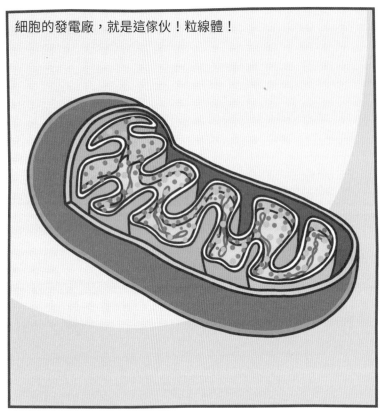

我們又見面了呢！
我是粒線體。

我是細胞裡負責製造能量、

提供能量的胞器。

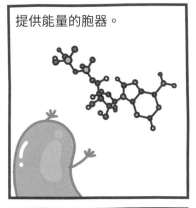

我有兩個特別
的地方喔，

首先，有沒有氧氣會決定
我能製造出多少能量。

有氧氣的時候，我能利用氧
氣生產出 30 ～ 32 個能量，

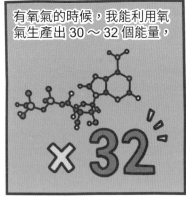

× 32

但是，沒有氧氣的話，只能
生產 2 個。

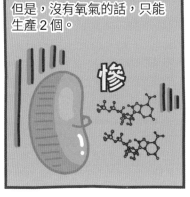

惨

相差整整
16 倍呢！

16倍

所以，人類需要呼吸。

人體的所有細胞都需要能量，

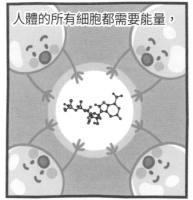

如果不能呼吸的話，

咳！

我所製造的能量就會減少到只剩下十六分之一。

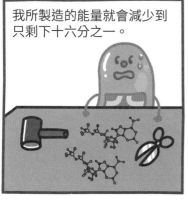

能量不足的話，細胞就會漸漸停止活動。

昏！

假如細胞完全停止活動的話，會發生什麼事呢？

到時候，人類也會動不了！

人類暫時停止呼吸，也不會馬上死掉，

吸！

是因為血液裡還有氧氣，

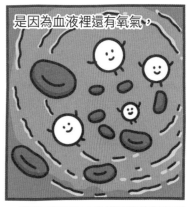

不過，氧氣會不斷被用掉，變得越來越少，

搞什麼？氧氣去哪裡了？

人們也會開始感覺到痛苦，

呃咳咳！

這可以當成是細胞們不斷在吶喊著需要氧氣的求救信號。

呃啊啊！拜託呼吸一下，拜託！

不久之後，心臟細胞會最先慢慢停止運作。

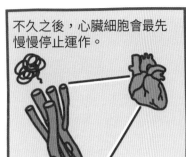

心臟細胞如果完全停止活動的話⋯⋯

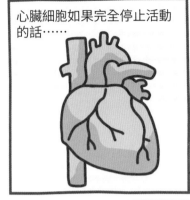

不用我多說，大家也知道吧？

另外一個特別的地方就是，我在每個細胞裡的大小和數量都不一樣喔！

按照細胞需要的能量多寡，

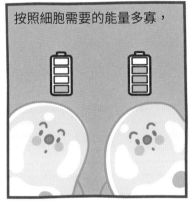

我的大小和數量也不一樣。

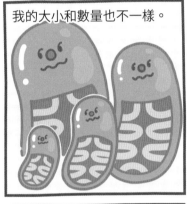

不論細胞的種類有多麼豐富，

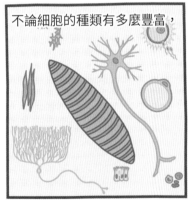

細胞的數量有多麼龐大，

在這之中，有某些細胞負責更多的工作，

當然不是他

那就是腦、心臟、肌肉這一類的細胞。

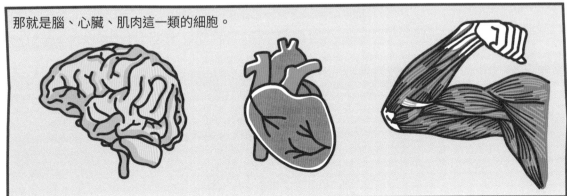

大腦必須用來思考，

或者時時刻刻將指令傳達到身體的每一個地方，

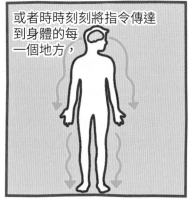

肌肉則必須按照指令做出動作。

另外，心臟為了許許多多的細胞，一刻也不能停下來，

因為心臟必須不停地送出血液。

像這樣的細胞，的確需要非常多的能量，

所以一個細胞裡，大約含有數千個粒線體。

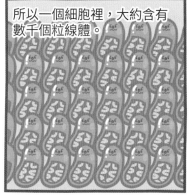

數量一多，粒線體的體積自然就會比較小。

相反地，如果是皮膚細胞的話，

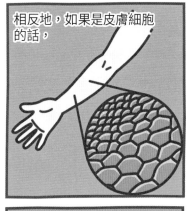

雖然扮演著保護人體的重要角色，

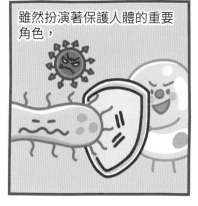

但不需要使用太多的能量，

所以粒線體的數量較少，體積也比較大。

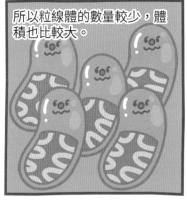

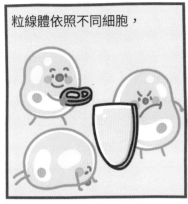

粒線體依照不同細胞，

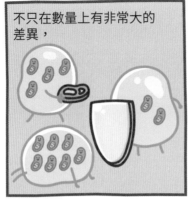

不只在數量上有非常大的差異，

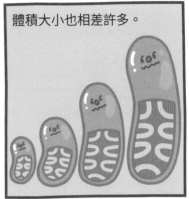

體積大小也相差許多。

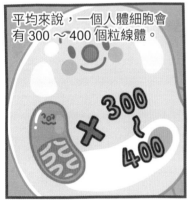

平均來說，一個人體細胞會有 300～400 個粒線體。

等等……好像哪裡怪怪的……

怎麼了？

平均來說，細胞裡有那麼多的粒線體，為什麼我只有你一個？

那個，嗯……

因為你整天只會囉哩囉唆，什麼事情都沒做……

怎麼可能！

你說謊！你剛剛說的，都不是真的！對吧？

拜託告訴我這不是真的……

很抱歉，不過這都是事實。

大家現在知道身為細胞發電廠的我，有多麼重要了吧？

細胞篇3

在細胞膜之後，連粒線體都說了您的壞話呢！
您有沒有想過是自己的問題呢？

細胞 現在我也搞不清楚了……，明明以前不
是這樣的……

細胞

以前我們明明相處得很愉快、很開心、
很幸福，我討厭我自己……

細胞 因為實在是太討厭我自己了，所以如果時間能倒流的話，我想
回到過去。我想對以前的自己說：「夠了！到此為止！停下來！」

細胞
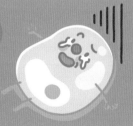

還有，如果再用這樣的方式繼續活下去，將來一定會後悔……

哭
哭

細胞 但是，能怎麼辦呢？一切都來不及了！

細胞 我要走我自己的路！

材料，OK！

設備，OK！

電力，OK！

好！這樣一來，工廠一定能順利運作！

不對，不對，仔細想想，不是這樣的……

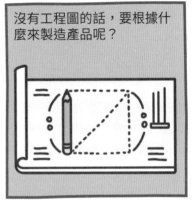

沒有工程圖的話，要根據什麼來製造產品呢？

不知道要生產什麼樣的產品、數量需要多少，不是嗎？

因為什麼資訊都沒有。

怎麼做？該做多少？你倒是告訴我啊！真是讓人受不了！

你看！所以工廠裡才會有控制室！

控制室會按照工程圖來設定機器，

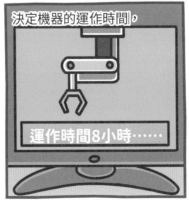

決定機器的運作時間，

運作時間8小時……

以及產品的生產數量。

×1000

控制室如果出現問題，

工廠就會產生異常，

所以控制室是非常重要的地方。

控制室
僅限員工進入

當然，我也有控制室！它的名字就叫做細胞核！

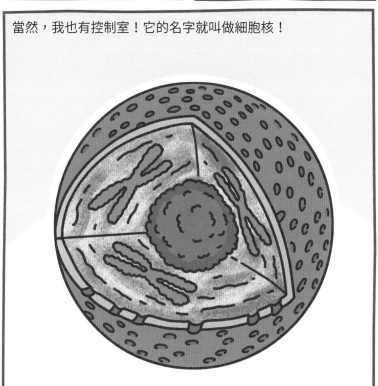

一開始我曾經介紹過它，還記得嗎？

我說過，核裡面有一本書。

核裡面的書叫做染色體，

把染色體攤開來，書裡的內容就叫做 DNA。

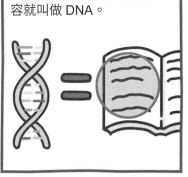

那時候我所說的核，就是細胞核。

沒錯，沒錯。那就是我本人！

我是控制室，擁有細胞運作時最關鍵的遺傳訊息，也就是剛剛說的書，

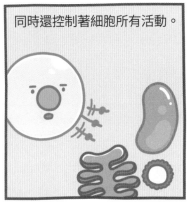

同時還控制著細胞所有活動。

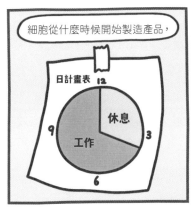

細胞從什麼時候開始製造產品，

日計畫表

休息

工作

12

9

3

6

製造哪些產品，

生產多少數量，

×100

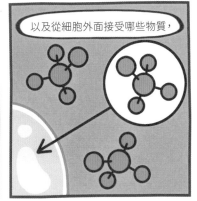

以及從細胞外面接受哪些物質，

或是把哪些物質送出細胞，

全部都由我來決定。

我有多麼重要，應該不用再多說了吧？

你好像已經說得夠多了……

啪滋！

不要插嘴！

啊！

碰！

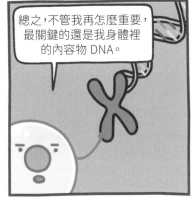

總之，不管我再怎麼重要，最關鍵的還是我身體裡的內容物 DNA。

得先像這樣把它從身體裡拿出來，

翻來 翻去

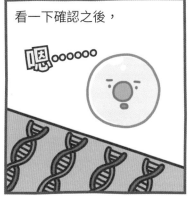

看一下確認之後，

嗯……

再決定要製造些什麼，

或者不要製造些什麼，不是嗎？

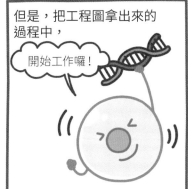

但是，把工程圖拿出來的過程中，

開始工作囉！

要是不小心弄丟了，

嗯？去哪裡了呢？

或是撕破了，該怎麼辦呢？

喂，你那個……

被你撕破了啦！

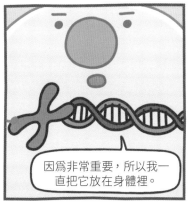

因為非常重要，所以我一直把它放在身體裡。

那一天，工廠就會無法順利關閉。

停業
因工程圖遺失

等等，那種事情才不會發生！

別出來！現在還沒輪到你們！

喔？是嗎？我知道了！

真是的！還真掃興！

細胞核篇

採訪者已邀請細胞核進入對話群組。

您也像細胞質一樣，在說明的過程中被打斷了呢！沒關係嗎？

 不！我有關係！我非常生氣！我現在終於了解細胞質的心情了！

？？？已加入聊天室。

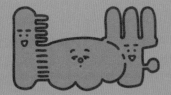

等等！那種事情才不會發生呢！

 我說過了，該你出來的時候，你再出來！

 也不是現在嗎？對不起……

 真讓人受不了耶！我真的不能理解！等我說出：「現在出來吧！」這句話之後再出場，有這麼困難嗎？

等等！那種事情才不會發生呢！

 拜託，夠了！！！

好，現在可以開始了！

搞什麼！快點出來！爲什麼現在又不出來？

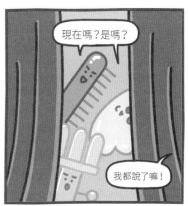

現在嗎？是嗎？

我都說了嘛！

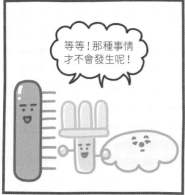

等等！那種事情才不會發生呢！

因爲有我們RNA三劍客！

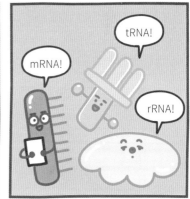

tRNA!

mRNA!

rRNA!

只要我們在細胞核裡，緊緊盯著四周，就不會發生那種事！

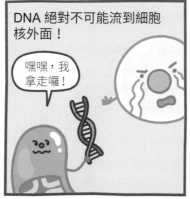

DNA 絕對不可能流到細胞核外面！

嘿嘿，我拿走囉！

試著想想看，回答考試的題目時，應該不會有這種老師吧？

第1堂　第2堂　第3堂
國文　英文　數學

各位！今天要考試喔！

好，現在大家好好看著這個螢幕，這就是老師出的考題。

老師？老師的腦袋壞掉了嗎？怎麼會有這種想法……

還不快照著我的話做！小孩子只要聽大人的話就好！

老師……腦細胞故障了嗎？變成笨蛋了……

怎麼可能會有這種事情發生，對吧？

老師當然會把考題拿去影印，

再把印出來的考卷發給每個同學。

身為 mRNA 的我，任務就是負責複製。

我一邊看著 DNA，一邊把內容抄下來。

等到 DNA 的內容全部抄完之後，再把抄好的手寫本拿到細胞質，

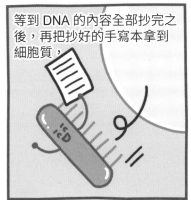

就像把檔案存到 USB 一樣。

接著，把手寫本交給細胞質裡的工人。

來，這個給你！

哎呀！謝謝你！

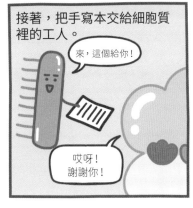

接下來就是我的工作範圍了！tRNA 要大展身手了！

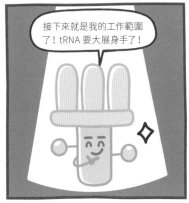

並不是把工程圖交到工人們手上，它們就會馬上開始工作。

怎麼辦才好？

就是說！

因為它們只知道製作的方法！

去某個地方應該能找得到材料吧？

就是說啊！

所以，沒有把材料帶來，工作就沒辦法進行。

那我們來玩吧！

好啊！

為了那些可憐的傢伙，

咻～

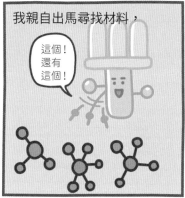

我親自出馬尋找材料，

這個！還有這個！

把材料帶回來給工人們。

來！材料都在這裡，不要玩了，快點工作！

好，我知道了！

因為只有這樣，工人們才會快速地開始製造物質。

呼！這就是工作的樂趣嗎？

你覺得這個有趣？哎呦……

rRNA，你怎麼了？怎麼一句話也不說？

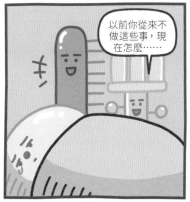

以前你從來不做這些事，現在怎麼……

你們的工作那麼酷！我的根本不算什麼嘛！

rRNA 篇

Q. 你看起來好像很沒有自信呢，為什麼呢？

你說那是什麼話！

mRNA 直接和 DNA 一起工作，tRNA 負責挑選材料。

它們的工作多麼了不起！拿它們的和我相比，未免太沒禮貌了吧！

轉身

嗚

我好悲慘啊！我也想像它們一樣，做一些厲害的事。

雖然它們確實說過我們三個是共同體，沒有我的話絕對不行……

但心裡肯定在偷偷地嘲笑我！

我的頭腦雖然知道職業不分好與壞……

所有工作都是珍貴而有價值的，細胞膜、細胞質、粒線體、核、DNA……它們的工作也是這樣。

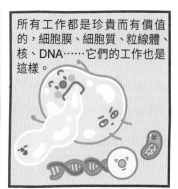

但是，我的內心卻不這麼想。既然要工作的話，我想做些更酷、更重要的事情。我沒辦法欺騙我的心。

當然，既然我已經以 rRNA 的身分出生了，就沒辦法再做其他的事。

這一切只不過是沒用的抱怨而已……就算是這樣，我的想法還是沒有改變。

嘆氣

rRNA，我們三個是共同體！

沒錯！

加油！

好！我們走！

為什麼要那樣呢？

我不管了！我們趕快去工作吧！

好吧！

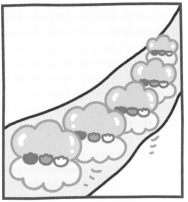

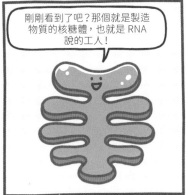

剛剛看到了吧？那個就是製造物質的核糖體，也就是 RNA 說的工人！

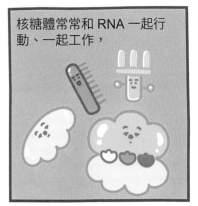

核糖體常常和 RNA 一起行動、一起工作，

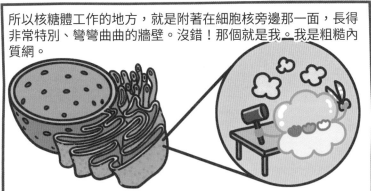

所以核糖體工作的地方，就是附著在細胞核旁邊那一面，長得非常特別、彎彎曲曲的牆壁。沒錯！那個就是我—我是粗糙內質網。

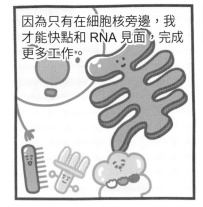

因為只有在細胞核旁邊，我才能快點和 RNA 見面，完成更多工作。

但是，不是所有的核糖體都會在內質網工作。

也有到處晃來晃去，看起來像在偷懶的核糖體。

雖然看起來是這樣，但它們並不是在玩耍。

我們在工作！

和附著在我身上的核糖體製造的物質不同，它們負責製造其他物質！

你看！沒錯吧？

不過看到它們到處晃來晃去，還是會覺得它們不工作只知道玩耍！

你誤會了啊！

如果要更深入地介紹我自己的話……

我的角色就是工廠的輸送帶。

網狀構造裡面的空間就是運送通道。

而且我也會把核糖體製造出來的物質，送到需要的每個地方。

是內質網送來的耶？謝啦！

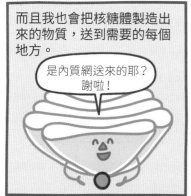

物質也會用包裹裝起來。

沒錯！我說的就是人類使用的包裹。

只不過，我們不會用紙箱來裝。

有時候，物質也會直接累積在我的身體裡。

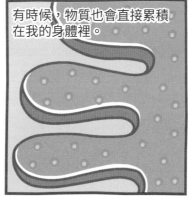

介紹完畢！

那麼，接下來輪到我囉！我也是內質網，還記得嗎？不記得也沒關係啦！

我的名字是平滑內質網！

和粗糙內質網一樣，都是內質網！仔細看的話，會發現我們長得有點不同，而且彼此相連在一起。

我們之間最大的差別，就是有沒有核糖體。

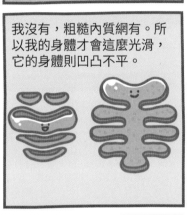

我沒有，粗糙內質網有。所以我的身體才會這麼光滑，它的身體則凹凸不平。

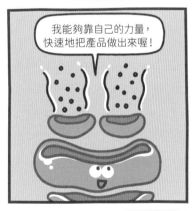

我能夠靠自己的力量，快速地把產品做出來喔！

為什麼呢？以工廠來說的話，不是也有需要大量人力，

或者就算沒有人力，機器也能自動完成的那種工作嗎？

我也一樣！所以核糖體不需要附著在我的身上。

當然，我和粗糙內質網製造出來的東西也不一樣。

沒錯。雖然我們連在一起，但還是有一點點不同。

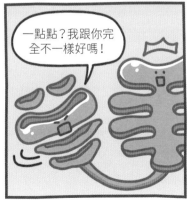

一點點？我跟你完全不一樣好嗎！

我主要負責製造脂質

你主要負責製造蛋白質

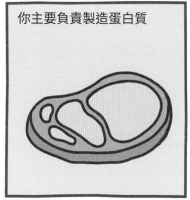

怎麼會只有一點點不一樣？

那個……

不要狡辯！

呃……

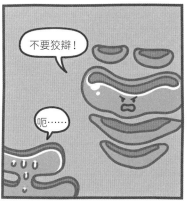

總之，再說得更仔細一點的話，我也不是只會一直製造脂質。

PLAN A   PLAN B

準確來說，每個細胞的平滑內質網所扮演的角色都不一樣。

細胞根據扮演的角色不同，形狀會不一樣，

事實上，細胞的結構也會有一點點差異。

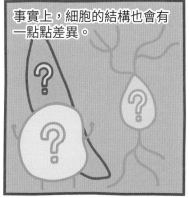

所以舉例來說，如果是肌肉細胞的平滑內質網，

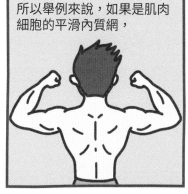

比起脂質，肌肉細胞的平滑內質網在製造其他物質上，扮演了更重要的角色。

像是儲存牛奶裡的鈣，或是製造可以被當成藥物使用的類固醇激素。

MILK

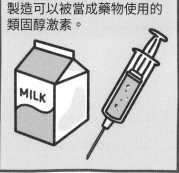

它？它除了製造蛋白質什麼都不會！嚴格說起來，蛋白質也不是它製造的，而是核糖體！

不要再爆料了！

 核糖體篇

Q。 您剛剛看到 RNA 們彼此打了起來，請說一下您的感想。

感想嗎？我有感想那種東西嗎？

我現在一點興趣也沒有。

哼！

那些傢伙老是那樣，我現在已經一點感覺也沒有了！

偷偷跟你說喔，照我看來，問題出在 rRNA 身上。

噓

雖然人家說只要努力就可以改變命運，

不過也有那種無論如何都沒有辦法改變的事實，不是嗎？

山是山，水是水。

但那個傢伙，並不知道這件事。

哐

然後還一直說：「我好可憐，誰來安慰我啊？」一邊嗚嗚嗚嗚地哭。

採訪到此結束。

總之，真的讓人受不了！換成是我，應該也會和它打起來！

你……

呃啊，嚇死我啦！

吵吵鬧鬧

溜走！

核糖體這傢伙……

Chapter 10

工作量過大的高基氏體郵局

哇!終於拿到我的玩具機器人了!

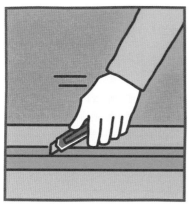

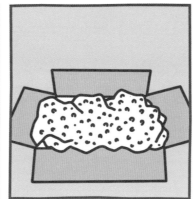

這是什麼!?

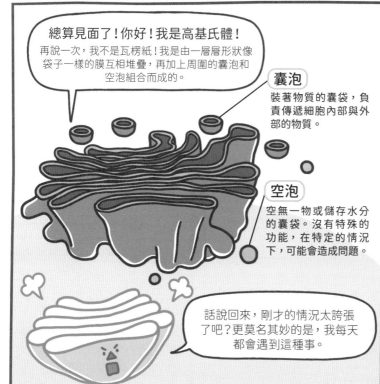

總算見面了!你好!我是高基氏體!

再說一次,我不是瓦楞紙!我是由一層層形狀像袋子一樣的膜互相堆疊,再加上周圍的囊泡和空泡組合而成的。

囊泡
裝著物質的囊袋,負責傳遞細胞內部與外部的物質。

空泡
空無一物或儲存水分的囊袋。沒有特殊的功能,在特定的情況下,可能會造成問題。

話說回來,剛才的情況太誇張了吧?更莫名其妙的是,我每天都會遇到這種事。

只要是內質網製造的東西,都是這樣送過來的,不看也知道!

你看!噢,對了!人類不知道吧?

哎呀！看到這個我就想大嘆一口氣。

簡單來說，我的工作和郵局沒有兩樣，

00 郵局

而且還是工作量非常大的郵局。

一般來說，郵局只負責在收到包裹和信件後，

將物品配送到指定的地點，

我卻不是這樣……

在內質網製造完成的物品，

送到我這裡之後，

我會重新分類，

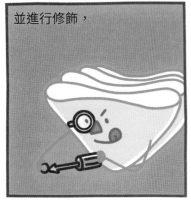
並進行修飾，

連包裝也一起完成，

最後，再送到需要物質的地方。

例如送到細胞膜外面、
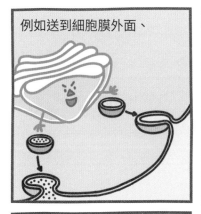

核糖體，

以及清潔大叔等等。

我嗎？

不是啦，我不是說大叔你啦！細胞有自己的清潔大叔！

我想也是！

你怎麼把這個說出來！
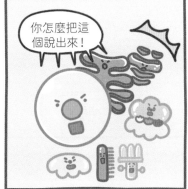

這個不能說嗎？

你是白痴嗎？

沒錯，我是白痴。每天都可以白吃白喝，該有多好啊！

你的臉皮還真厚啊！

總之，如果換成是現實生活中的郵局，

剛才的情況，就跟人們丟下想要送出的物品和地址之後離開沒兩樣，

雖然郵局的職員通常會當作沒看見，

你在做什麼呢？這樣我們能幫你好好寄送嗎？應該乾脆丟掉才對吧！

但是，我總不能這麼做吧？
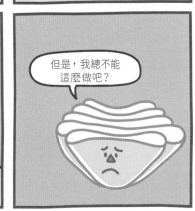

如果連我都當作沒看見的話，

哎呀，不管了！我不幹了！當初你們就應該做好再送來才對啊！

不管是其他的細胞，

發生什麼事了？你該送給我的東西怎麼沒來？

高基氏體說它不想工作了。

或是經常一起活動的胞器們，都會無法順利完成工作。

既然如此，我們來玩吧！一起出去玩囉！

可笑的是，我的工作還沒結束！

我還得扮演倉庫的角色，負責保管物品，

如果製造完成的物質暫時用不上，或其他地方沒有需求，

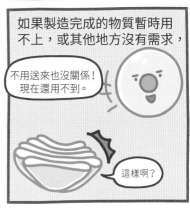

不用送來也沒關係！現在還用不到。

這樣啊？

它們就會留在我的體內。

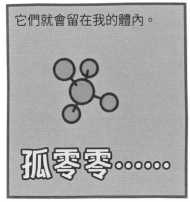

孤零零……

你以為只有這樣嗎？

我甚至還得加入生產物質的行列，

簡直被工作壓得喘不過氣……

工作

不過還是得笑著繼續努力才行！

哈 哈 哈

說不定我真的是白痴！老是被別人占便宜、白吃白喝的白痴！嗚哈哈！

內質網篇

Q. 聽說製造出來的物質有問題，是真的嗎？

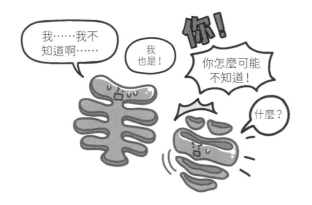

我……我不知道啊……

我也是！

你！

你怎麼可能不知道！

什麼？

你不是說能靠自己的力量立刻把東西做出來嗎？結果做這什麼東西啊！

隨便你怎麼說！那你呢？

我是無辜的！

嚴格來說，這不是我做的！這是核糖體做的才對啊，怎麼會是我呢？

嚇！

好，核糖體你出來！你在搞什麼？竟然做出這種東西！

RNA 全部出來！我也是冤枉的！不是你們叫我這樣做的嗎！

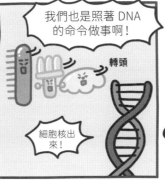

我們也是照著 DNA 的命令做事啊！

轉頭

細胞核出來！

乒乒乓乓

大家不要吵架嘛……

露臉

現在在聊什麼？

Chapter 11

溶體—把細胞打掃乾淨的清潔工

生活中製造垃圾、

堆積灰塵是再平常不過的事了！

問題是，垃圾一旦不加以清理，經過長時間的累積，

就會發出惡臭，

呃！

灰塵也會從嘴巴、

鼻子進入體內。

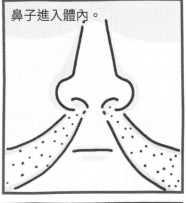

簡直糟糕透了！

雖然有些人會抱著什麼也不管的態度，生活在垃圾堆裡，

但一般來說，人們會主動打掃環境，

維持居住空間的整潔。

家裡都這樣了，更何況是工廠呢？

肯定會產生堆積如山的垃圾。

就算把細胞當作一座工廠，它的體積那麼小，垃圾量應該不算什麼吧？

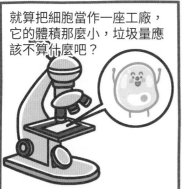

這樣想的話，可就大錯特錯了！

細胞運作的過程中，不只會累積許多廢物，

細胞內的某些胞器，也會受到損壞，

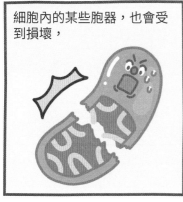

要是這些廢物不清理，一直累積在細胞內，

細胞就不能發揮正常的功能。

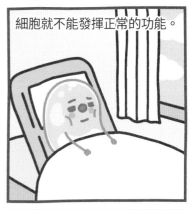

不過別擔心，因為細胞裡有專門負責打掃的清潔工。

就是我——溶體！

吸塵器是其次，要是沒有掃把和畚箕，該怎麼打掃呢？你是想問這個對吧？

我哪需要那種東西？我有嘴巴啊！

只要出現廢物，我會一口吞下，

我開動了！

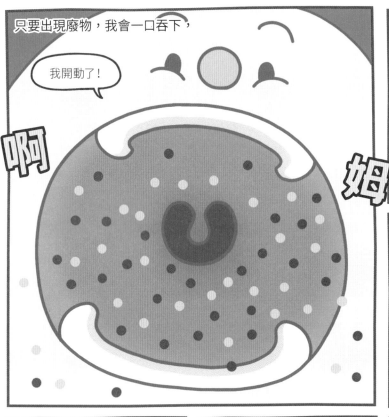

啊

姆

然後慢慢地消化，和人類吃飯一樣。

假如有不能消化的部分，

咦？！還剩一點點！

我會移動到細胞膜附近，

把它們通通吐到細胞外面，

嘔！

或是乾脆什麼都不管，讓它們累積在肚子裡。

不管怎樣都可以！

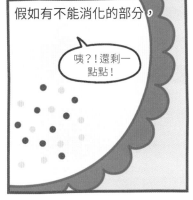

我相當於垃圾袋！

受損的胞器也差不多。

如果胞器受傷後變得病歪歪，

身體好不舒服啊！

你覺得我會怎麼做呢？

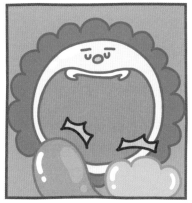

等一下，你在幹什麼！

別動！

呃啊啊啊！

嗝

就像這樣，我會一口把它們吞下，

唰

不會隨便把廢物吐到別的地方，

而是盡可能在肚子裡分解到最小，

嗚噁噁噁

再吐到細胞質裡，

回收再利用！

這就像人類會把塑膠、玻璃類的垃圾，

用高溫融化，

重新做出新的產品一樣。

只不過，經過消化的胞器，
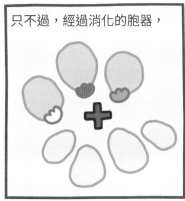

不會被拿來做成全新的產品，

不可能！

經過消化的部分，會被當成材料用來生產某些物質，

哎呀！真巧！這剛好是我需要的材料，我可以拿走嗎？

當然可以！
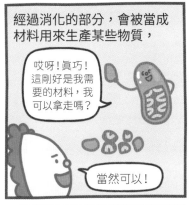

或重新生成胞器。

把這個拿走好像可以重做一個新的？這是哪來的？

祕密！

我擅長把東西吃下然後分解

所以當太過巨大，或者暫時不需要使用的材料進入細胞時，
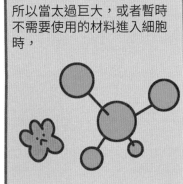

我會先一口吞下，再分解成小小的碎片，

嚼嚼　嚼嚼
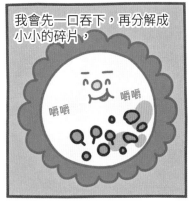

接著把它們吐掉，或者拿去給其他胞器使用也不錯！

一旦出現廢物就吃掉，是不是很像大胃王啊？

溶體篇

哼

說要採訪我，我才來的，這是怎麼回事啊？

簡直亂成一團嘛！

不管是採訪還是什麼的，看來現在都不是時候……

嚼嚼

嚼嚼

等等，先讓我把這些吃完。不過到底發生了什麼事才會搞成這樣？

其他胞器們為了推卸責任，彼此打了起來。

哐噹噹

真是的！有必要因為這樣大打出手嗎？

呸

不知道什麼叫做分工嗎？

噹 噹

大家應該合力完成一件事才對嘛！你做得好，我也做得好！你看看！細胞運作得多麼順利啊！

癱坐

尷尬

在吵架的時候工作！

吸入！

說的也是……

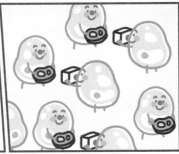

活生生的細胞

　　細胞是組成生物體結構與功能的基本單位。無數的細胞不停進行生產物質、互相交換等工作，所以人體才能正常活動。細胞的確非常小，不過也因為細胞裡有這些更微小的各種胞器，任務才能順利完成。

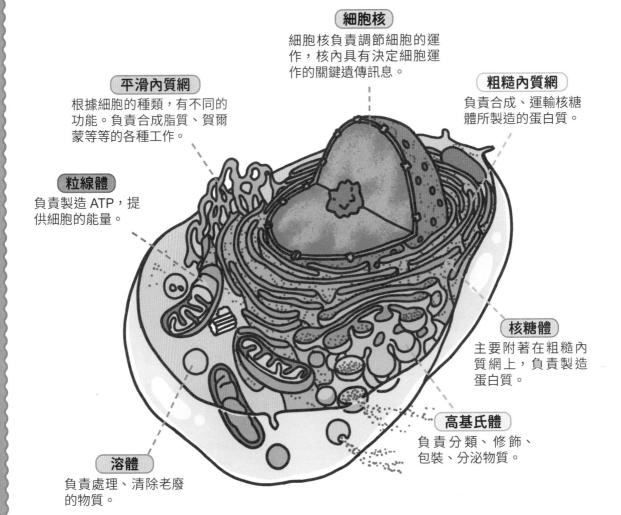

細胞核
細胞核負責調節細胞的運作，核內具有決定細胞運作的關鍵遺傳訊息。

平滑內質網
根據細胞的種類，有不同的功能。負責合成脂質、賀爾蒙等等的各種工作。

粗糙內質網
負責合成、運輸核糖體所製造的蛋白質。

粒線體
負責製造 ATP，提供細胞的能量。

核糖體
主要附著在粗糙內質網上，負責製造蛋白質。

高基氏體
負責分類、修飾、包裝、分泌物質。

溶體
負責處理、清除老廢的物質。

很好。快點進來!

細胞核、內質網、核糖體、高基氏體、溶體、粒線體……嗯!全都進來了!

好,胞器們的介紹就此告一段落。

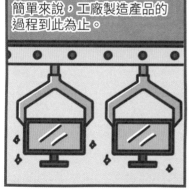

簡單來說,工廠製造產品的過程到此為止。

現在開始是和細胞有關的內容。也就是說,要來說說關於我的事!

工廠完成產品之後,接下來該怎麼辦呢?

總算結束了!好累呀!

等著享受一個美好的假期嗎?

現在終於能休息了吧?嘻嘻,好開心!

絕對不是!

嘴角抽動

完成的產品得送到需要的地方,

工廠也必須重新接收用來生產物品的材料，

根本沒有休息的時間。

又要工作？
唉……

細胞也一樣！

得把製造出來的物質送出細胞外，

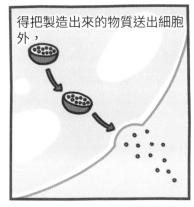

接收新的材料，以便重新產出物質。

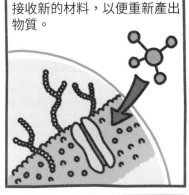

不過，我們沒有手跟腳，

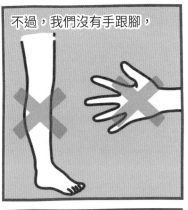

只要缺少幾個細胞，身體就沒辦法正常運作。

所以，細胞們會用特殊的方式來交換物質。

什麼都不做就自然而然地完成交換，

咦？它們是怎麼進去，怎麼出來的呢？

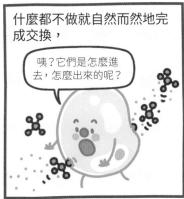

以及帶有目的性地主動消耗能量來進行物質交換，

要進來的進來！
要出去的出去！

大致上，可以分成耗能、不耗能兩種方式。

整體而言，一共有四種方法。

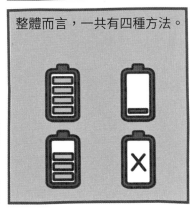

首先，是不消耗能量的單純擴散。這是一種非常自然的現象。

舉例來說，想要大便的時候，

廁所充滿了奇臭無比的大便味。

呃！

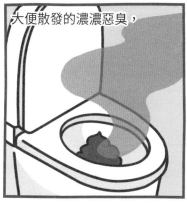

大便散發的濃濃惡臭，

往廁所的四面八方擴散，

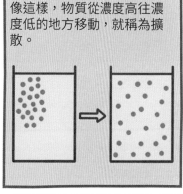

像這樣，物質從濃度高往濃度低的地方移動，就稱為擴散。

簡單擴散，照字面上的意思，也就是指單純的擴散。

假如細胞內的濃度低，而細胞外的濃度較高，

細胞外的物質就會進到細胞裡。

你問我，物質是通過細胞膜上的門進來的嗎？錯了！

沒有人來我這裡啊？

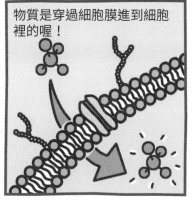

物質是穿過細胞膜進到細胞裡的喔！

就像幽靈一樣！

咻一

當然，只有體積非常小的物質才能辦到！

只有這樣才能通過牆壁進入細胞。

接下來是促進擴散。促進擴散也不需要消耗能量，

物質同樣從濃度高往濃度低的地方移動，和簡單擴散大同小異。

差別就在於，物質必須透過細胞膜的門進入細胞。

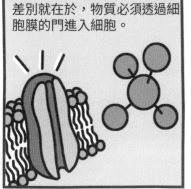

尺寸較大，不容易通過細胞膜的物質，

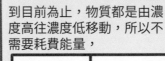

呃！我就知道……我的身體太大了，穿不過去！

也只能從門口進入細胞，對吧？

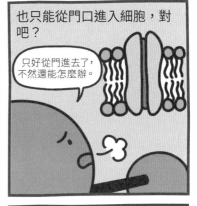

只好從門進去了，不然還能怎麼辦。

第三種方法則必須消耗能量從門進入。

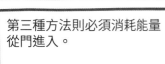

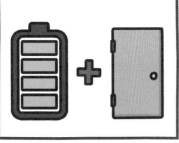

到目前為止，物質都是由濃度高往濃度低移動，所以不需要耗費能量，

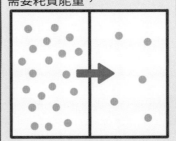

不過第三種物質交換，物質必須由濃度低往濃度高的地方移動，因此需要能量。

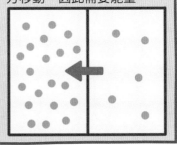

細胞內、外的濃度差不多，

或者當細胞內的濃度高於細胞外，

細胞卻需要利用某物質時，

雖然很飽，不過還是得把那個東西送到體內才行。

還是必須對抗物質自然的流動現象，對吧？

喂！進來這裡！

啊？！

就像鮭魚奮力抵抗流動的河水一樣。

呼哈！

這時，當然需要額外的力量！

所以細胞會利用粒線體產生的能量，

加油！

把物質送到體內。

終於進來了……

最後一個方法，就是使用囊泡！

體積太大，無法移動到細胞膜內、外的物質，會用囊泡來包裝，進行運送。

囊泡和細胞膜的成分相同，

所以當兩者接觸時，就會互相融合，

物質也能透過這樣的方式進出細胞。

IN
OUT

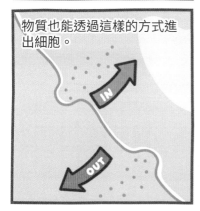

過程中由於需要能量，因此以囊泡來交換物質也是耗能的方法。

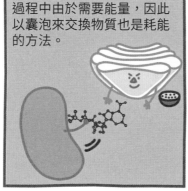

細胞的生活也非常不簡單，對吧？其實我們非常複雜呢！

物質篇

Q 雖然知道了細胞之間物質的移動方式,但物質究竟有那些呢?

實在太多了,恐怕說也說不完……
總之,最重要的肯定是**醣類、蛋白質和脂質**!

醣類

　　光是米飯、麵包裡最主要的醣類,種類就相當繁多,因此也具備各式各樣的功用,如被當成能源使用、傳遞訊息,或者作為關節的潤滑劑。除此之外,也會在許多方面造成影響。

蛋白質

　　肉類、魚類的主要成分,同樣也涵蓋許多種類。除了作為細胞膜的大門,蛋白質也和醣類一樣,負責訊息的傳遞。

脂質

　　奶油、食用油的主成分,也不只有一種,負責的工作同樣五花八門。另外,脂類本身包含許多物質,如果要全部說完,恐怕得花上幾天幾夜的時間。

訊息傳遞

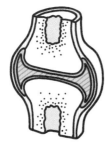
關節潤滑劑

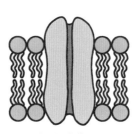
細胞膜的門

脂質

嗯……是那個時候嗎？

伸　展

你問我是什麼時候？

轉

還能是什麼時候？當然是搓澡的時候啊！

開玩笑的啦！

我剛剛說的是細胞生長的時候。

你問我是不是長高？

不是！

變胖？

也不是。

抓抓

還是長出翅膀？

我又不是蝴蝶？絕對不是！

說到細胞……

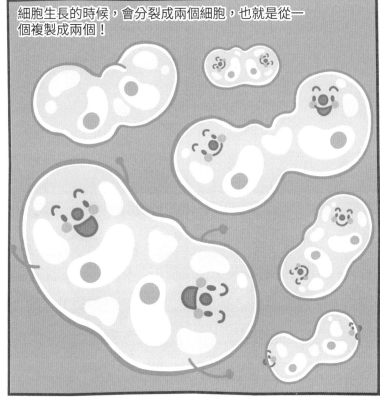

細胞生長的時候，會分裂成兩個細胞，也就是從一個複製成兩個！

你可不要嚇一跳喔！

但是，不是像魔法一樣，一下子分裂成兩個，

咦？

變成兩個吧！變！

也不是像忍者分身術一樣，從影子裡冒出另一個分身，

咻

而是一步接著一步，慢慢地一分為二！

細胞生長時，首先體積會變大，

以便充分準備分裂時所需要的材料。

就像快跑前的預備動作一樣！

而且細胞核裡的染色體，也就是書本，同樣會增加成兩本，

因為分裂成兩個細胞時，不能只有其中一個細胞擁有書本。

你一本！　我一本！

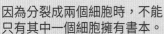

接下來，準備其他需要的東西，

還需要什麼呢？

例如內質網、核糖體、粒線體等等。

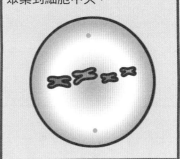

和書本一樣，這些胞器總不能全部集中在其中一個細胞裡吧？

空～

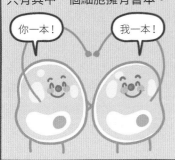

像這樣，細胞完成準備作業之後，就只剩下分裂的工作。

啪

核膜消失，複製完成的部分會聚集到細胞中央，

接著往細胞的兩側分離。

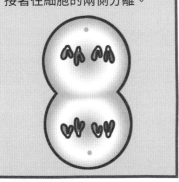

完成分裂之後，原本消失的核膜再度形成，變成兩個細胞核。

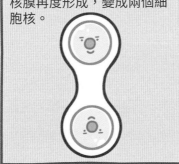

最後，重新生成的兩個細胞核之間，開始出現新的細胞膜。

細胞膜　細胞膜

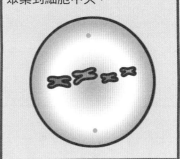

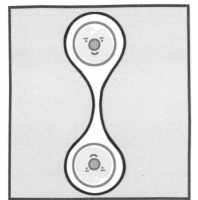

當細胞膜完全斷開兩個細胞核之間的連結……

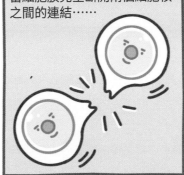

你看！細胞從一個分裂成兩個了！

耶

當然，不是所有的細胞都用這種方式分裂，有些細胞分裂的方式非常特別，

尷尬

那就是生殖細胞。

不是可以生吃的植物啦！

生殖細胞是指參與生物繁殖的細胞。

生殖則是指生物生下與自己相似的後代，達成物種的延續。

就像馬生出小馬，

牛生出小牛，

人類生出小孩一樣。

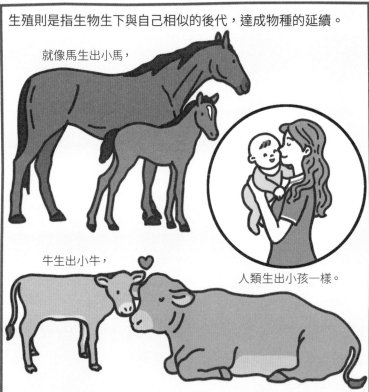

人類能生下孩子延續後代，都是細胞的功勞。

而參與這個過程的細胞，就稱為生殖細胞。

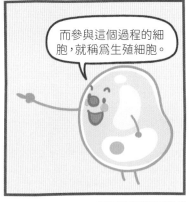

生殖細胞有兩種，也就是男生體內的精子，以及女生體內的卵子。

我是卵子！

我是精子！

我們和一般細胞的生長過程不一樣！

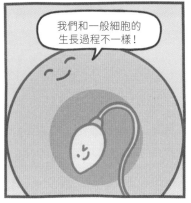

細胞核裡的書本也只有一半。

你拿一半！

我拿一半！

神奇的是，生殖細胞不只和一般細胞的生長過程不同，精子和卵子的生長方式也不一樣！

是嗎？我完全不知道呢……

哎唷！反正你什麼都不懂！

嗚……

用力

不管怎麼說！男生的睪丸把我製造出來，這裡就是我家！

是睪丸製造的？

沒錯！精子就是睪丸製造的。

睪丸一天能製造出大約五億顆精子，

JACKPOT

7 7 7

嘩啦啦

可以說是火力全開地拚命工作。

所以，高溫燃燒的蛋蛋，就是睪丸？

怎麼可能！

呃啊！我快瘋了！你們兩個給我正經一點好好介紹！不然就換我來！

呃！我知道了！

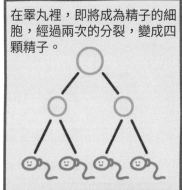

在睪丸裡，即將成為精子的細胞，經過兩次的分裂，變成四顆精子。

在分裂之前，細胞擁有一本完整的書，經過分裂後，精子擁有一半的書。

一個細胞變成四顆精子，人類一天能製造五億顆精子，數量非常驚人對吧？

只要經過兩週，數量就比全世界的人口還多！

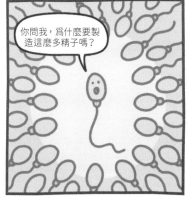

你問我，為什麼要製造這麼多精子嗎？

懷孕、

生產，

甚至是餵母乳，

比起女人負責了大部分的生育過程，

男人在生殖上所扮演的角色，就只有傳遞基因，讓女人順利懷孕而已。

精子！去吧！

收到！

簡單來說，精子就算存活很久，也沒有任何意義。

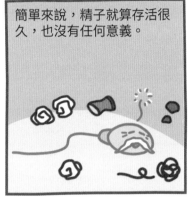

精子的責任、存在目的與意義，就是和卵子相遇。

呃啊啊啊！好想見到卵子！

就是說啊！卵子長什麼樣呢？

也就是說，比起少數優秀的菁英，

I am NO.1

人類需要的是數量龐大的精子！

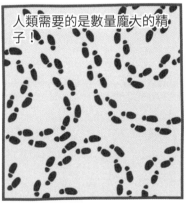

只要卵子能夠和精子相遇，不管是什麼樣的精子都可以！

你是……卵子？我是精子，我終於到了！

怎麼這麼慢啊！等你等到我都快死掉了！

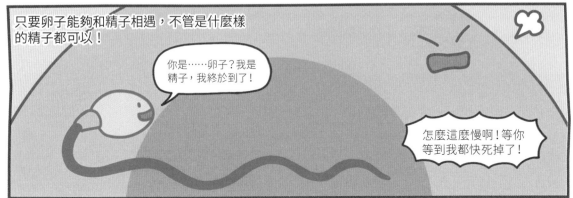

事實上，精子除了細胞核，細胞裡幾乎沒有細胞質和胞器。

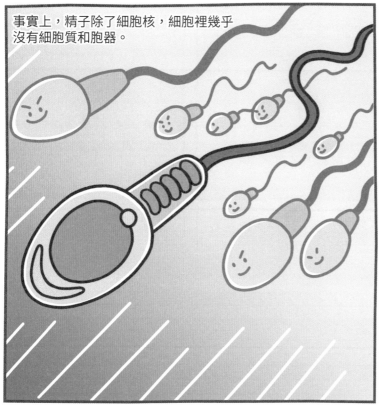

為了能夠移動，精子裡只充滿製造能量的粒線體。

不過，卵子不一樣。卵子不只有細胞膜、細胞核、內質網、高基氏體、核糖體、溶體等細胞基本構造，甚至還有其他的胞器。

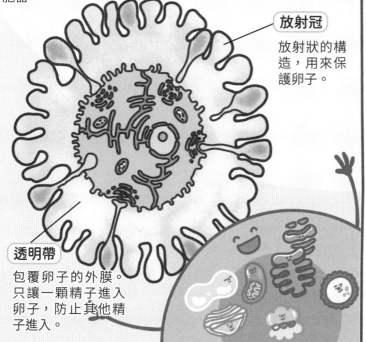

放射冠

放射狀的構造，用來保護卵子。

透明帶

包覆卵子的外膜。只讓一顆精子進入卵子，防止其他精子進入。

卵子在卵巢裡經過一段時間，

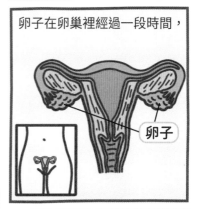

等到發育完成後，

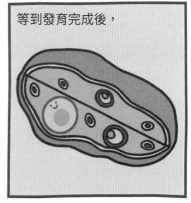

進入子宮。

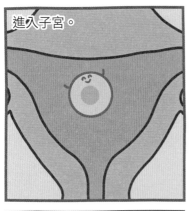

卵子在生長的過程中,也像精子一樣,經過兩次細胞分裂,變成四個細胞。

最後,只有其中一個細胞變成卵子。

卵子並沒有像其他細胞一樣,分裂成相同的細胞。

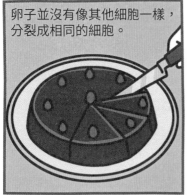

分裂時,一顆卵子幾乎占據了全部的細胞質。

其他變成乞丐的細胞,

不久之後就會從卵子的旁邊消失。

下輩子一定要變成卵子!

把所有資源集中在一個經過挑選的優良細胞,就會產生這樣的結果。

天空不會出現兩顆太陽!

你知道更讓人驚訝的是什麼嗎?早在卵子被製造出來之前,這種挑選細胞的工作,就已經發生了!

什麼!

女人的卵巢裡,有超過數百萬個在未來能夠變成卵子的細胞。

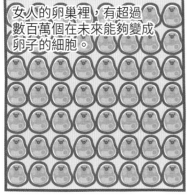

當卵子進入子宮的時候,卵巢裡只剩下數萬個細胞。

其餘的細胞都已經退化,消失不見了!

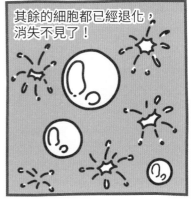

卵子在被製造出來之前，可說是經過了非常全面的審查。

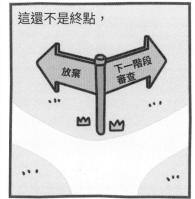

這還不是終點，

放棄　下一階段審查

數萬個細胞中，還得選出數百個細胞。

看來只有數百個細胞能製造出卵子！好殘酷啊！

你覺得剩下的數百個細胞要開始製造卵子了嗎？真的嗎？

才不是呢！送到子宮的卵子只有一顆，數百個細胞中，只剩下一個！

通過了激烈的競爭被創造出來的，就是我——卵子！

1 2 3

不管怎麼說，你不覺得太殘酷了嗎？

精子，你給我閉嘴！哪裡殘酷了！

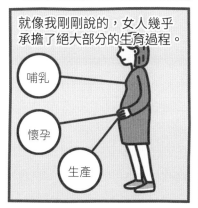

就像我剛剛說的，女人幾乎承擔了絕大部分的生育過程。

哺乳

懷孕

生產

卵子如果像精子一樣，隨便被製造出來，萬一出了什麼問題，你要負責嗎？

媽媽呀……

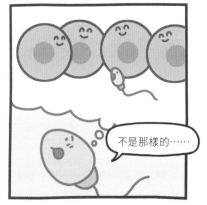

不是那樣的……

為了避免失敗，把所有資源集中在一顆卵子，有什麼不好！

吵得還真厲害，真是的！

完全沒辦法想像將來會變成這樣。

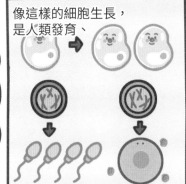

像這樣的細胞生長，是人類發育、

生存的必經過程。

因為細胞也有一定的壽命，

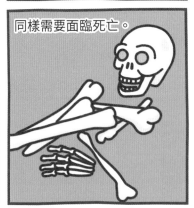

同樣需要面臨死亡。

細胞會死亡，

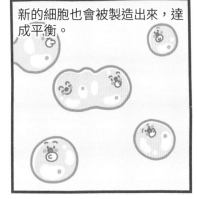

新的細胞也會被製造出來，達成平衡。

一旦失去平衡，

就會生病，這個話題留到下一章再說吧！

呃啊，是「病」不是「瓶」*。

*譯註：韓文的「病」和「瓶子」同音。

細胞生長篇

Q 爲什麼細胞生長時，不增加體積，而是增加數量呢？

一切都是有原因的。
因為這樣一來，有利於細胞交換、物質吸收。

現在，想像眼前有幾顆大小不一的球，我們要將這些球放入裝有染料的塑膠盆。

尺寸像乒乓球一樣的小球，沾滿了染料，而尺寸像籃球一樣的大球，只有一部分被染色。當然，就算全部的小球都沾滿了染料，染色的面積還是比不上大球。

不過，假如放入許多顆小球，讓小球的總體積和大球一樣，情況可就不一樣了。籃球的大小是乒乓球的 215 倍！簡單來說，可以容納一顆籃球的空間，同樣也能容納 215 顆乒乓球。

2,304πc㎥　尺寸　10.7πc㎥

放入 215 顆乒乓球後，染色的總表面積為 3,440π 平方公分，即便把整顆籃球染色，總表面積也只有 576π 平方公分，兩者大約相差六倍。

3,440πc㎡　表面積　576πc㎡

那麼，試著把球當成細胞，現在能猜到細胞為什麼會不斷分裂、增加數量了吧？比起一顆巨大的細胞，由幾顆尺寸較小的細胞組成相同的體積，總表面積才能增加，也更有利於物質的交換和吸收。

現在，我要說一件非常恐怖的事，

那就是和疾病有關的事。

我問你，疾病是什麼？

疾病還能是什麼？不就是身體不舒服嗎？有什麼好大驚小怪……

你是誰呀？

你……你是一開始見到的那個無知人類！我看到你的採訪了！

什……什麼？發生什麼事了？

我有說錯嗎？

疾病如果不是身體不舒服，不然到底是什麼？

你弄錯了！就跟那時候一樣。

沒錯！沒錯！

你倒是回答我的問題啊！

笨蛋！笨蛋！

因為我答對了，所以你才沒辦法回答，對吧？

哈
哈
哈

簡單來說，並不是身體不舒服就代表疾病！

醫生，我的身體不舒服……

這樣啊，不過這不是疾病。

身上的瘀青，是疾病嗎？

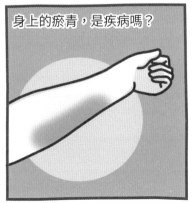

不是！

身上的傷口！是疾病嗎？

不是！

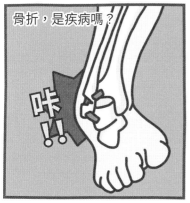

骨折，是疾病嗎？

咔！！

不是！

這些都叫做受傷，絕對不會被稱為疾病。

只不過是輕微的受傷，不用擔心，請在家好好休息。

疾病是指全身或身體的一部分不斷出現問題，無法正常活動，如

流鼻水、咳嗽、

抽吸

咳咳

伴隨著發燒和全身疼痛的感冒；

不停讓人拉肚子，腹部還會無比疼痛的腸胃炎；

嗯

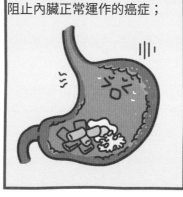

阻止內臟正常運作的癌症；

還有讓人陷入憂鬱的泥沼，對任何事都失去熱情的憂鬱症……這些都是疾病。

憂

鬱

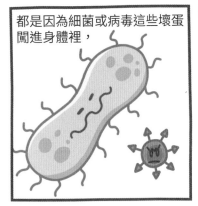

都是因為細菌或病毒這些壞蛋闖進身體裡，

或是我們的身體本身出現問題，

大部分細胞的外型和功能變得不正常，才會產生這些疾病。

倒下一

你還認為你說的話正確嗎？

你確定嗎？

YES　NO

讓我想想，你剛剛說了什麼呢？

東張　西望

搞什麼！跑去哪了？

原來匆匆忙忙地跑走了！真搞笑！

噠噠噠

繼續剛剛的話題，簡單來說，所謂的疾病就是……

在人類身體裡發生的意外事故，在哪個地方發生、什麼時候會發生，沒有人知道。還是聽不太懂嗎？

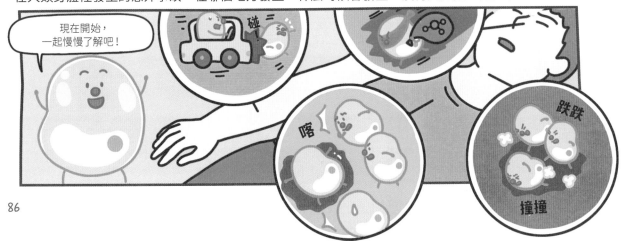

現在開始，一起慢慢了解吧！

碰

喀！

跌跌

撞撞

人類篇2

Q. 這一次你也是故意的嗎？

喂！採訪者大人，你是第一天做採訪嗎？

怎麼一點判斷力都沒有啊？

沒有我？*

我當然是故意的啊！

＊譯註：韓文中的「判斷力」（感覺能力）和「柑橘」同音。

Q. 那麼，你逃跑的原因是？

你問我那時為什麼逃跑嗎？

你實在不適合再訪問別人了！太無知了！

無知？*

配角的工作結束之後，就應該要消失，不是嗎？細胞才是主角吧？仔細想想，要是那時候……

＊譯註：韓文的「無知」和「單一顏色的布料」同音。

你還認為你說的話正確嗎？

NO

Yes

是啊！

你根本沒聽我把話說完！別人說的話要全部聽完！我本來就打算要這麼說的。

什麼！

嘿咻

呼！

這樣一來，不就把場面搞砸了嗎？你說是不是啊？

嗯……

剛剛說過，人類身體裡不斷發生的意外事故就叫做疾病，對吧？

不是這種意外……

也就是說，因為人類的身體是由細胞組成的，

所以，意外事故發生在細胞身上。

喵

那麼，為什麼會這樣呢？細胞為什麼會發生這種事？那是因為……

人類活在世界上，處在各式各樣的環境，

遇見許多人，

吃各種食物的緣故。

結果就是，帶來各種壓力

和多到數不清的刺激，

以及其他微生物的入侵！

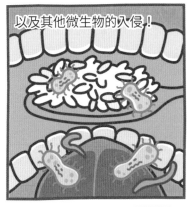

細胞們面對這樣的刺激，絕對不會投降，總是努力想辦法活下來。

加油！加油！
加加油！

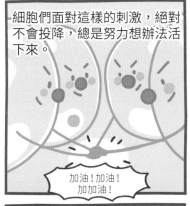

外部環境改變，細胞也跟著改變，

細胞內部出現變化，細胞也跟著產生變化。

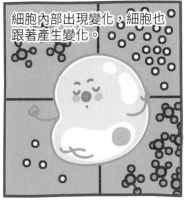

細胞配合不同變化，維持一定的狀態，繼續生存下去。

好比一艘無論如何都要戰勝海浪的小船。

所以，如果只要是能夠克服的刺激，大致上細胞都能適應。

難不倒我的！

不過，要是受到更強烈的刺激，

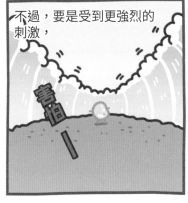

細胞也難逃受傷的命運。

哎呀！別誤會喔！細胞受傷不代表會死掉！

起 身

細胞的損傷分成可以恢復的傷，

一拐一拐

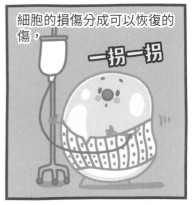

以及無法恢復的傷。

嗚 唉唷 呼

就像人類一樣，

跌倒後出現的傷口和瘀青，

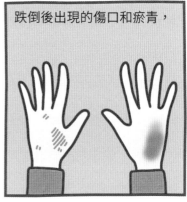

或是骨折，

啪！

無論如何都可以復原。

咚 咚 咚 咚

但如果撞上一台 100 噸的大卡車……大家應該懂吧？

碰！！

又或者活了很久，變得越來越老，自然而然會走向死亡。

死翹翹

同樣地，細胞也是。當細胞處於受傷的狀態，

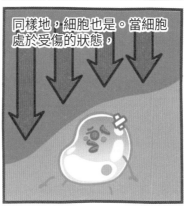

只要刺激消失不見，就能恢復原狀

哇！

咚 咚 咚 咚

相反地，如果細胞持續維持受傷的狀態，

或是在受損細胞上施加更強烈的刺激，

碰 碰！

又或者細胞過於老化，沒辦法正常活動的話，

輕微吐氣……

細胞還能有其他辦法嗎？只能死翹翹了！

當然，一兩個細胞遇到這種事，沒什麼大不了，不會馬上出問題。

撲通

你怎麼了？快醒醒啊！

好比校園裡有一兩個不良少年，

學校也不會馬上完蛋或倒閉。

沒問題！

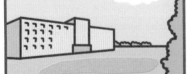

不過，要是全校的學生都是不良少年呢？

一窩蜂……

真的真的非常恐怖吧？

嗚嗚！

抖抖……

附近其他學校的學生也會非常害怕。

細胞也是一樣，一兩個細胞出問題雖然不算什麼，但如果某部分的細胞集體不斷發生狀況，

就會產生疾病。

哈啾！

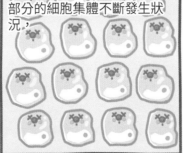

疾病篇

Q 疾病有哪些呢？

　　從不同角度來看，可能會有所不同，世界上至少有**一萬種以上的疾病**。總不可能把全部的疾病都告訴你吧？還有，就算說了，或許你連一個也沒辦法好好記住！

　　記住，是至少一萬個，一萬個！不是十個、一百個！

Q 不是那樣的，我想問的是，疾病有哪些類型？

喔！原來如此！答案很簡單啊！
疾病大致分為**傳染性疾病和非傳染性疾病**。

傳染性疾病

　　傳染性疾病是指病毒、細菌、黴菌、寄生蟲等等的壞蛋們，進入人類身體所引起的病症。這些傢伙會欺負細胞，讓細胞沒辦法正常工作，同時還會破壞細胞，把細胞吃掉。傳染性疾病有感冒、流行性感冒、肺炎、肺結核、破傷風等各式各樣的病症，非常可怕的新冠肺炎也是一種傳染性疾病。

非傳染性疾病

　　非傳染性疾病是由環境、遺傳或生活習慣等所引發的病症，如吸菸、喝酒、肥胖、營養不良、鈉攝取過量等等，因為各種原因讓細胞無法正常活動，所以身體才會出問題。非傳染性疾病除了高血壓、腦中風、糖尿病、急性心肌梗塞、大腦動脈梗塞之外，還有許多其他病症，大家都知道的癌症也是。不過，並不是所有的癌症都是非傳染性疾病，也有一部分的癌症是由病毒引起。

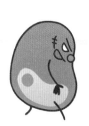
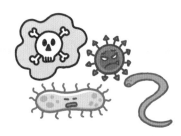
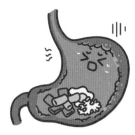

Chapter 16

細胞，適應！

你知道什麼叫做適應嗎？應該聽過一、兩次吧？

適應

今天在幼稚園過得怎麼樣呢？

我都適應了，沒問題！

看見各位為了適應學校非常緊張的樣子，讓我想起當初還是新生的時候。那是 1970 年代……

校長大人……別再說了！拜託！

新的工作和陌生的環境……公司還真難適應啊！真是的……

親愛的，你怎麼了？來度蜜月怎麼臭著一張臉，你後悔和我結婚了嗎？

我也不知道。可能是時差的關係吧？因為是國外，我完全沒辦法適應呢……

是癌症，而且是末期。

哎呀，原來是這樣。本來人生就有限……也只能適應看看了。

人類的確常常使用「適應」這個字呢！

適應新家
適應
適應世界
適應飲食
適應補習班
適應
適應
適應學校

那麼，適應到底是什麼？為什麼人們會一直掛在嘴邊呢？

適應？

沒辦法適應的話，會死掉嗎？

死亡證明：
適應失敗引發
孤獨死

說到適應，就是指環境和生活相互協調，和平共處。

尤其對人類來說，所謂的適應，就是感覺周遭環境和自己的家一樣舒適，能夠充滿活力，不斷進行活動的狀態。

假如無法適應，就等於碰上了大麻煩！

麻煩

呃啊啊！

大大小小的壓力不停累積，不僅帶來心理上的負擔，

負擔

Stress Stress

唉……

Stress stress stress

性格也會變得異常，

喀喀喀喀！

咬牙！

還有個人能力降低等等，這些都是不能小看的問題。

你這題也不會？天啊！我怎麼會教到這種學生？

-4+2=

這題我之前明明就會……

要是繼續維持這種狀態，人類會為了逃避當下那一瞬間，開始出現失控、反常的行為。

呃──

我受不了了！

不是逃離當下的環境，

唯唯

學校？我才不要去！我要主動退學！

就是不斷找理由、責怪自己，

哲秀，你怎麼啦？遇到麻煩就跟媽媽說啊！

媽！你不知道嗎？我本來就是這種人！我說了，別管我！

或者一邊發脾氣，一邊做出攻擊行為。

你很會打架嗎？要不要吃我一拳啊？

打架

打架

為什麼突然這樣……哲秀……

情況繼續惡化的話，

他真是個怪人。

就是說啊！不想跟他待在同一個地方！

就相當於適應不良。

在這種極度惡化的狀況下，發生任何事情都不奇怪。

不過沒關係！

哎呀！我不是說一個人變成什麼樣子都可以！

真的嗎？

就算真的有這樣的人，如果能在他的身邊給予支持，

提供教導與指引的話，

不管是誰都能變回正常人！

我和以前不一樣！我沒事了！重新做人了！

所以，還記得我剛剛說的話嗎？細胞也會想辦法適應，繼續活下去。

細胞的適應和人類差不多。當然，還是有點不一樣。

雖然根據當下面對的刺激和壓力，

刺激！壓力！來吧！以為我會怕你們嗎？

同樣分成自然的適應，

嗯！

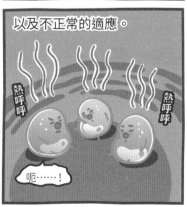

以及不正常的適應。

熱呼呼

熱呼呼

呃……！

適應的方法很多，細胞的適應方式足足有四種！

增加細胞體積的「肥大」！

增加細胞數量的「增生」！

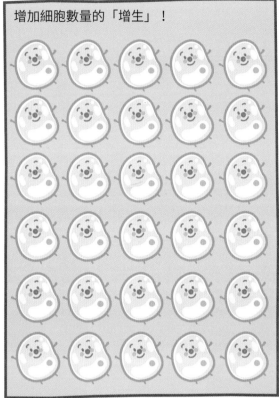

縮減細胞數量和尺寸的「萎縮」！

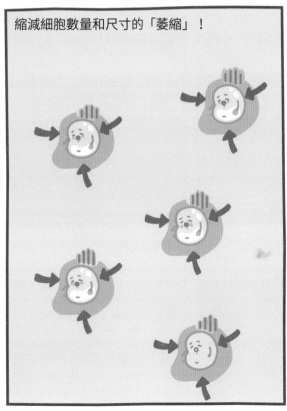

完全變成其他細胞的「化生」！

新婚夫妻篇

Q. 您似乎沒有盡情享受愉快的蜜月旅行？

當然，那還用說！

度蜜月？哼！別搞笑了。

幹麻這麼說啊！

怎麼樣？我有說錯嗎？

咕

哼！

我沒說錯啊！你不是拿時差當藉口，說後悔跟我結婚嗎？

哇，夫妻吵架好精彩呀……

BOOM!

對，沒錯！我後悔了，很後悔！

哎呀，原來你到現在才露出真面目呀？那我們離婚！

離婚協議書

我不是那一種後悔……

我是後悔以前的我怎麼沒有早一點和妳結婚……

唰

什麼嘛！真的嗎！

老公我愛你！

我也愛妳。

嗚
嗚

呃啊啊——

嗚喔

對孤單寂寞的細胞來說，實在太過分了……

Chapter 17

細胞的身體變大了？—肥大

首先是肥大。肥大就是細胞的尺寸變大，而數量保持不變。

只有個子變大，身體變得圓鼓鼓！

和出門旅行的人類一樣，

準備外出旅行的人會收拾行李，用來預防突發狀況。

這個也要帶，

那個也要準備……

面對新環境的心理壓力，

這樣該如何是好？要是那樣的話該怎麼辦？壓力好大啊！

讓人類出現一種壯大勢力的行為。

總之先帶著，把行李塞滿以防萬一吧！沒錯，就這麼辦！

只帶一點點行李的人，

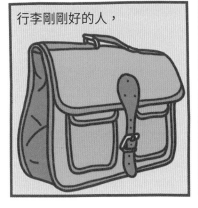

行李剛剛好的人，

瘋狂準備一大堆行李的人等等，

每個人行李的大小都不一樣。

細胞也一樣，

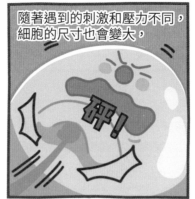

隨著遇到的刺激和壓力不同，細胞的尺寸也會變大，

砰！

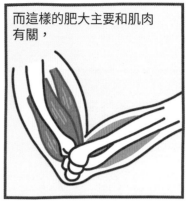

而這樣的肥大主要和肌肉有關，

肌肉細胞非常容易變大！

我跟錯主人了！我也能變大！為什麼只躺在家裡不動！

認真運動的話，

發抖

肌肉會變大；

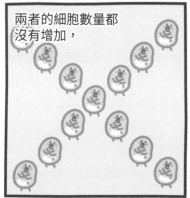

或者當女人懷孕時，

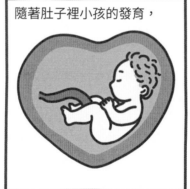

隨著肚子裡小孩的發育，

子宮也會越來越大，這就是細胞的肥大。

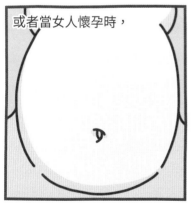

兩者的細胞數量都沒有增加，

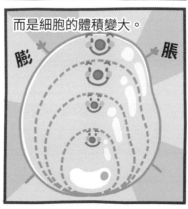

而是細胞的體積變大。

膨　脹

嘻嘻

這種肥大不會帶來任何問題。

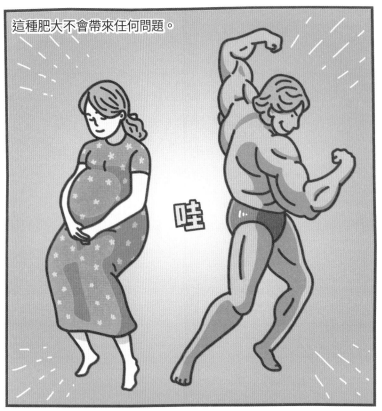

哇

你曾經看過有人在運動過後肌肉出現問題，

做太多運動了嗎？我站不起來！

或者因為懷孕肚子出現問題嗎？

抽泣

肚子的肌肉因為懷孕都裂開了，怎麼辦……

沒有！絕對不會有這種人類！

沒有……

真的什麼都沒有嗎？

因為這樣的肥大是自然而然發生的，

給予細胞正常刺激、

血管的活動變得旺盛等等，

由於這些細胞間的訊息傳遞增加，

嗶

咦？哎呀！原來要變大！沒問題！

所以細胞只會大量生產物質，讓體積變大，

呃呃～

這絕對不是異常的現象。

這是正常的肥大！

不正常的肥大，

舉例來說，像是心臟的體積過大！

撲通

撲通

心臟跳動時，會把血液送到全身，

唰

唰

加油！

加油！

如果沒辦法正常運作，

嗚嗚！為什麼辦不到！

心臟的肌肉細胞就會漸漸變大、變厚，

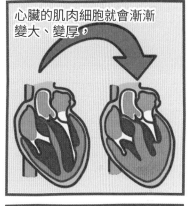

你問我，這有什麼問題嗎？

肥大的肌肉細胞一旦超出極限，

哎呀！

運送的血量就會變少，

最後細胞將會停止活動，走向死亡。

心臟停止跳動會發生什麼事，應該知道吧？那就是死翹翹！

倒下！

也就是說，細胞適應環境，體積變大，並不完全是一件好事。肥大是細胞受到某種刺激後出現的現象，發生在不同的部位，可能會帶來不好的結果！

閃

閃

 肥大篇

Q 就像肌肉一樣，身體發胖也是細胞適應環境後，變得肥大的結果嗎？

是的，沒錯！發胖也是細胞肥大造成的現象。不過，身上的肉本來就是指骨頭和皮膚之間的肌肉和脂肪。仔細觀察烤五花肉、豬排肉、牛肩胛肉等肉類，不只乳白色的脂肪，肌肉通常也會一起出現，對吧？所以，接下來請把它稱為脂肪或脂肪細胞！

脂肪細胞

脂肪細胞是指能把身體使用後剩下的養分，以脂肪的型態儲存起來，需要時拿出來當作能量使用的細胞。除此之外，也負責製造用來傳遞細胞間訊息的物質，或讓身體發熱。

脂肪細胞

所以，可以把身體發胖看作是脂肪細胞裡儲存過多脂肪，而這樣的情形，往往是因為人類攝取的養分比消耗的養分更多。

簡單來說，就是飯吃得太多了！也就是說，脂肪細胞適應了養分過多的環境，細胞變得肥大，接著身上開始囤積脂肪！每個人消耗養分的量和效率因人而異，所以沒辦法告訴你吃了多少東西會開始變胖。

能量

天啊……

變太胖了嗎……

膨 脹

所以……
變胖就是脂肪
細胞肥大囉？

Chapter 18

細胞的數量變多了？—增生

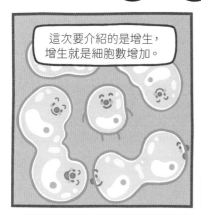

這次要介紹的是增生，增生就是細胞數增加。

也就是，細胞的尺寸不變，只有數目增加。

就像農夫一樣，

雖然農夫總是給人一種獨自默默種田的印象，

但這畢竟只適合用在自己耕種的小田地，

自家菜園

這種事難不倒我！

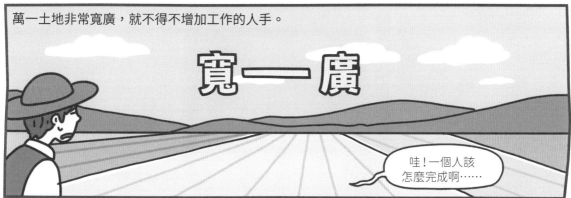

萬一土地非常寬廣，就不得不增加工作的人手。

寬一廣

哇！一個人該怎麼完成啊……

如果不增加人手，就會損失慘重，

要是在那片土地耕作，該有多好啊？應該能收割非常多農作物……

又或者，壞事可能會發生。

你在搞什麼？

哎呀，真對不起，我以為這是一塊荒地呢……

因為沒辦法完全適應，才會發生這種不幸的事。

我們的情況也差不多，細胞如果受到刺激或壓力，

碰！

特別是細胞必須積極工作的時候，

快速奔跑

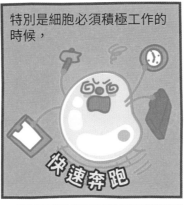

又或者，細胞中物質的數量因為某種原因而增加時，

喔？

就會透過分裂來增加數目。

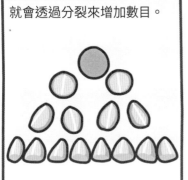

這種細胞的增生主要發生在皮膚，

以及身體裡具有黏膜的部位。

也就是細胞時時刻刻不斷產生替換的地方。

嗚嗚——

啪！

嘩嘩嘩

自然發生的增生，在女性的青春期，

或是懷孕的期間，非常容易觀察得到。

某種程度上，也會伴隨著細胞的肥大，不過增生是增生，肥大是肥大！

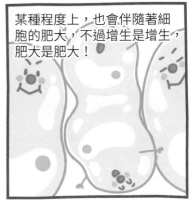

女性胸部變大，就是細胞增生帶來的結果。

另外，因為某種原因把肝臟、

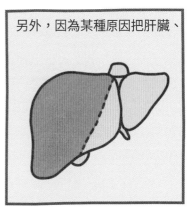

肺部的一部分切除，

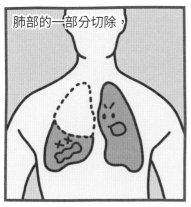

過了一段時間之後，肝、肺被切除的部分會慢慢長回來，這也是自然的增生。

相反地，子宮內膜過度增生，

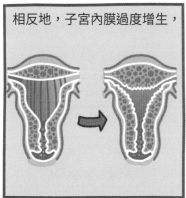

或是長出肉芽，則是不正常的增生。

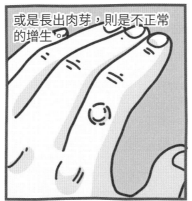

雖然細胞數目大量增加，但卻不是一件好事。

為什麼增加這麼多？有必要嗎？

子宮內膜的細胞數增加，並沒有太大的問題，

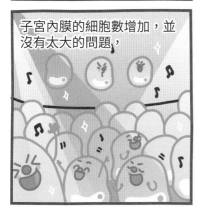

問題在於，增加的時機和數量。

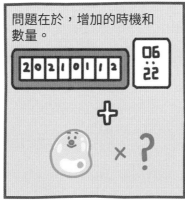

必須在生理期或懷孕等特殊時間點增加數量內膜細胞，

生理期馬上就要開始了，請你增加吧！

如果不分時期地隨便過度增生，

為什麼增加了？時間還沒到啊？

不知道！

接二連三

就會開始產生疼痛和各種問題，

肚……肚子痛！頭……

還會變得非常敏感，

唉……

老師！您講課的聲音太吵，我再也聽不下去了！我要回家！

子宮甚至可能會完全失去功用。

卵子！我來了！咦？什麼都沒有嘛！

肉芽則是病毒感染所引起的特殊反應。

也就是說，肉芽雖然是細胞不正常增生下的產物，

增生萬歲！增生萬歲！

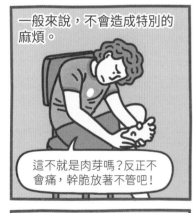

一般來說，不會造成特別的麻煩。

這不就是肉芽嗎？反正不會痛，幹脆放著不管吧！

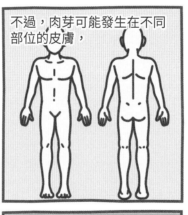

不過，肉芽可能發生在不同部位的皮膚，

也會移動到身體其他地方，

所以，最好還是得積極治療。

想想萬一臉上出現許多肉芽！肯定很嚇人吧！

本來只是為了適應環境，結果細胞卻隨便增生，造成問題啊……

Q. 聽說身體會長出螳螂*，這是真的嗎？

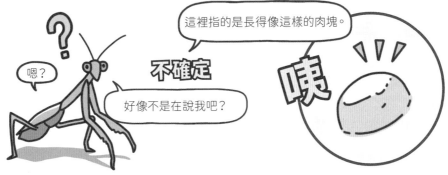

嗯？

好像不是在說我吧？

不確定

這裡指的是長得像這樣的肉塊。

咦

採訪者大人，你根本沒仔細看嘛！

尷尬

笨蛋，笨蛋！

啊啊……別這樣啊……我對不起妳……

咻

咻

Q. 聽說身體會長出肉芽，這是真的嗎？

噗！

是妳吧？妳就是那個把昆蟲螳螂帶去採訪的人類！

等……等一下！

別難過了！每個人都會犯錯，下次再改進不就好了嗎？

＊譯著：韓文的「肉芽」和「螳螂」為同一個字。

我是昆蟲螳螂！

我是皮膚肉芽！

Chapter 19

怎麼會變成這樣呢？——萎縮

下一個是萎縮！萎縮就是細胞的數量減少，體積也縮小。

細胞從原本的兩個變成一個，

細胞的體積也像這樣，縮得這麼小，這就是萎縮。

就像遇到災難一樣，

搭飛機的過程中，

或是搭船、登山的途中，

遭遇到意外事故，

需要他人的救援，這種情況就叫做「遇難」。

遇上災難時，人們被迫與身邊的人分開，

還必須花上好幾天等待救援。

已經 23 天了嗎？

到了那個時候，人們將會瘦得不成人形。

消瘦

跟細胞萎縮完全一模一樣呢！

和其他的適應方式不同，萎縮擁有許多特點。

不管怎麼說，因為細胞的數量減少，尺寸也縮小，

以前真好，好懷念啊！

特定的部位或內臟的體積會變小是其中一點，

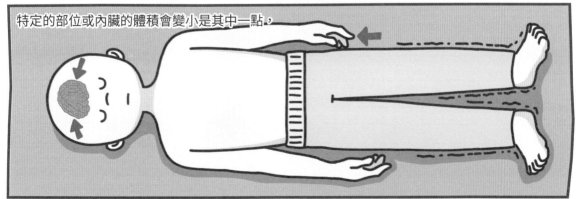

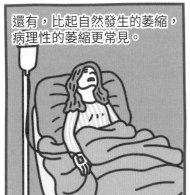

還有，比起自然發生的萎縮，病理性的萎縮更常見。

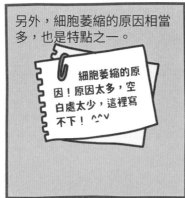

另外，細胞萎縮的原因相當多，也是特點之一。

細胞萎縮的原因！原因太多，空白處太少，這裡寫不下！^^v

一起慢慢看吧！

呵呵呵……好，那就一起看吧……

首先，自然發生萎縮的實際例子並不多。孕婦生產時，

啊

啊！

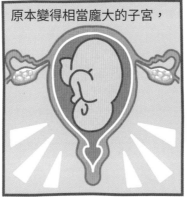

原本變得相當龐大的子宮，

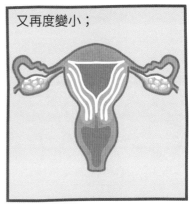

又再度變小；

或是體格健壯的健美運動員，

一旦停止運動，

身材就會變得和普通人差不多。

當然，還有其他的例子。但重要的是，病理性萎縮的例子非常多！

我來瞧瞧

萎縮有6種！！

萎縮大致上可以分成6種！

你有骨折的經驗嗎？

萬一發生骨折，

在兩塊骨頭重新接在一起之前，

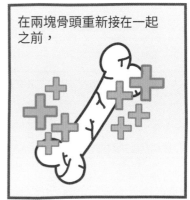

會用石膏來固定骨頭，治療傷口。

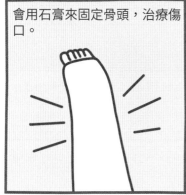

不過，因為治療過程需要花很長的時間，

這段期間以內，受傷的部位必須靜置，不能隨便移動。

整形外科

已經八個禮拜沒有用到右腳了⋯⋯

就這樣，拆石膏的那一天終於到來⋯⋯

喀嚓

喀嚓

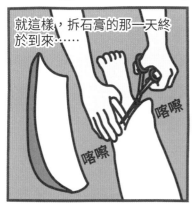

呃啊！什麼啊？我的腿！變得一大一小了啦！

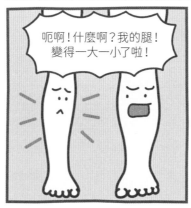

就是這個樣子。

搖頭

搖頭

因為細胞的萎縮，長時間沒有使用的部位變小了！

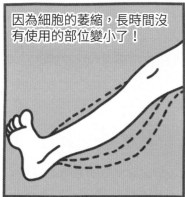

這種狀況就叫做廢用性萎縮。

沒有使用的話會變小⋯⋯要是我也那樣的話，可能會消失⋯⋯

發生交通事故，

哐！

或者得了嚴重的疾病，

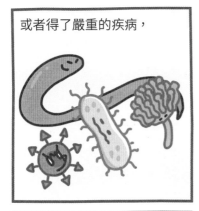

必須完全躺在病床上靜養，也會出現一樣的狀況。

臥床休養

因為某個部位不常使用，所以細胞漸漸地萎縮。

難道不需要這麼多的細胞嗎？

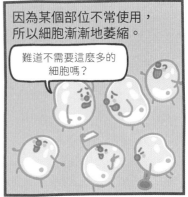

另外，還有一種叫做神經性萎縮。

那又是什麼？

神經細胞和肌肉細胞互相連接，

肌肉該如何活動，

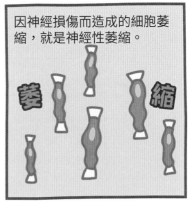

做哪些事情，

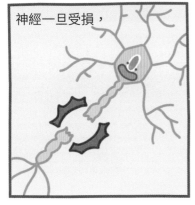

由神經細胞傳遞給肌肉細胞的訊息來決定。

滋

滋○○○○○○

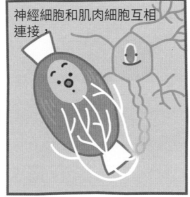

因神經損傷而造成的細胞萎縮，就是神經性萎縮。

萎　縮

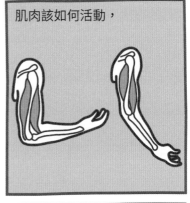

神經一旦受損，

連接的肌肉就無法正常活動，

扭　到

呃啊！右腳不能動了！

也不能發揮正常的功能，

今天只要躺著就好嗎？一點訊息也沒有呢。

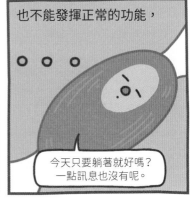

所以最後肌肉才會出現萎縮。

竟然沒有傳來訊息……看來我們太沒用，要被丟掉了……

纖細

這或許是一件理所當然的事，不過營養不足也會造成萎縮，這就叫做飢餓萎縮。

好餓啊……太餓了……

假如能量來源的供給不足，

咦？只有這些嗎？

造成營養不足的狀態持續維持的話，

3	4	5 一粒米	6 一滴油
10	11 一片肉	12 一粒	13 一滴
17	18	19	20

等到像脂肪這一類的儲藏能量全部用完之後，

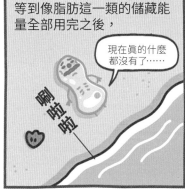

現在真的什麼都沒有了……

喇啦啦

細胞內的物質就會被當成能源使用，

嘻 嘻

這個時候，肌肉萎縮將會變得相當明顯。

下一個萎縮的類型，你應該會覺得很意外，

那是什麼？

那就是，壓迫造成的萎縮。

壓迫？

特定部位經過一段時間的持續壓迫，

血液的供給量減少，

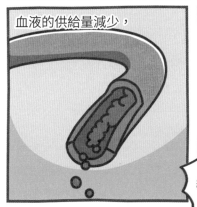

很快地，營養成分這類的能源供給就會出問題，

聽說道路塞住了……該怎麼辦啊……

又只有這些？都已經第幾天了！明明吃了一大堆食物！

那麼壓迫的部位將出現萎縮。

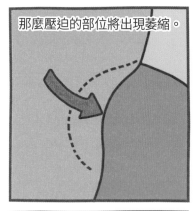

在那之後，一旦壓迫繼續維持，

該部位的細胞會全數死亡，

屍屍細胞的墳墓

此時皮膚也會開始腐爛。

這種非常可怕的疾病，就是褥瘡！

畫面極度噁心，不宜觀看

所以，絕對不能在同一個位置坐太久，

呼嚕

或者躺太久。

說不定會長褥瘡呢！

呃啊，我得讀書才行！

刺痛

刺痛

酸痛 酸痛

呃呃！醫生叫我一定要靜養！

抖抖——

呃呵！我好害怕啊！

然後，還有哪些呢？

哎呀！對了！還有一個叫做內分泌性萎縮。

細胞製造的物質中，有一個物質叫做荷爾蒙。

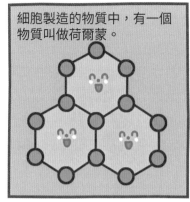

荷爾蒙是作用在特定的細胞，

幫助細胞活動，

精力滿滿！

或阻止細胞活動等等，

哎呀！總覺得好累啊……

疲憊

促使細胞做出特定行為的物質。

嘎吱

嘎吱

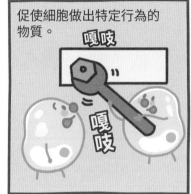

製造荷爾蒙的細胞所聚集的地方，就稱為內分泌器官。

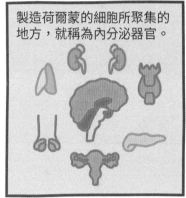

由於內分泌器官出現異常，

噓

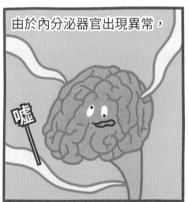

導致萎縮的發生，所以稱為「內分泌性萎縮」。

萎　　縮

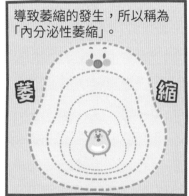

舉例來說，如果製造女性荷爾蒙的卵巢出了問題，

噓

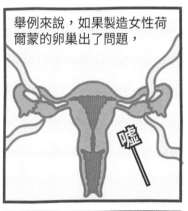

胸部就會萎縮、變小；

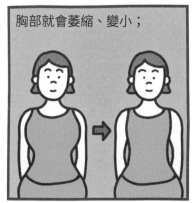

而一旦製造男性荷爾蒙的睪丸出現異常，

陰莖或睪丸也會萎縮、變小。

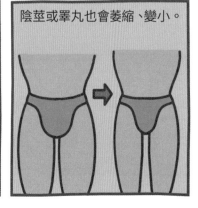

最後一個是老年化萎縮。

咻

你問我什麼是老年人？

就是上了年紀、變得很老的人啊，你不知道嗎？我說的就是那種老年人。

人類如果上了年紀，就算不是因為生病，細胞也會萎縮。

發抖 發抖

心臟不是永恆運作的器官，隨著時間一天天過去，心臟會漸漸衰弱，

唉唷

如果血液的供給減少，

滴 答

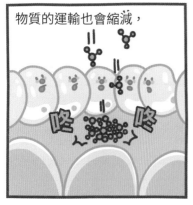

物質的運輸也會縮減，

咚 咚

細胞也不得不出現一定程度的萎縮。

咕嚕

和年輕時期相比，身高變得更矮，或者體型萎縮也是這個原因。

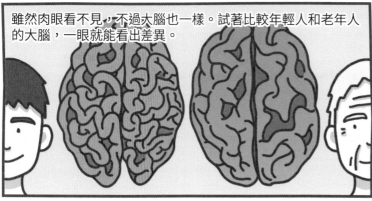

雖然肉眼看不見，不過大腦也一樣。試著比較年輕人和老年人的大腦，一眼就能看出差異。

這麼說來，萎縮是怎麼發生的呢？

我之前說過，細胞肥大或增生時，

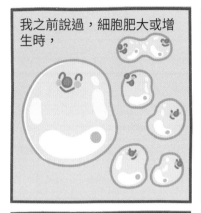

物質被大量地製造出來。

噗 哈！

不過萎縮正好相反，

不論是哪一種細胞萎縮，都是因為細胞能利用的氧氣或營養太少才會發生。

咦？！

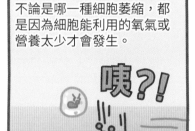

因為缺乏能夠立刻使用的能量，

細胞決定分解體內的物質作為能量，繼續存活下去。

要是連這樣都不能獲得能量，那麼細胞將會連胞器都一起分解，拿來當成能量使用。

抱歉⋯⋯事情變成了那樣⋯⋯我不想在這裡死掉⋯⋯我還想活⋯⋯

嘿

嘿

住⋯⋯住手！我們不是很要好嗎？我們不是很幸福嗎？為什麼要這樣⋯⋯

最後，細胞裡將會空無一物，當這種細胞漸漸變多，正常細胞的數量就會越來越少。

腦袋空空的傢伙們⋯⋯

萎縮⋯⋯真的非常可怕⋯⋯對吧？

點 頭

117

Q. 怎麼一副失去一切的表情，發生什麼事了？

鬱悶
...

剛才發生了一件很可怕的事。

細胞突然把我們抓來吃！我還以為我們會永遠在一起……

呼嚕！

樂在其中

嘿——咿

喀嚓

我的爸爸、媽媽也被抓去吃掉了……

搖頭
搖頭

他們為了救我……

低吼

快點逃！

你先到外面，爸爸媽媽馬上就來了。

嗚嗚

嗚嗚嗚！

抽泣

我們也不知道發生了什麼事啊……

接下來，是細胞完全變了一個樣子的化生。

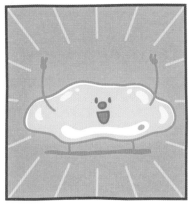

細胞爲了適應環境，竟然就這麼變成了其他細胞，不管怎麼想，我都覺得化生真是神奇。

應該說就像狼人一樣嗎？

啊嗚嗚

平常好端端的一個人，

如果受到了滿月的刺激，就會變成狼人！

動物受到刺激和壓力，

老虎，你老是要這樣是吧？OK！我們走著瞧！

變成另一種動物繼續活下去，像這樣的例子打著燈籠也找不到，你不覺得非常神奇嗎？

你是誰？你怎麼變這樣？

你問我是誰？我是被你欺負的梅花鹿！雖然我現在變成了大象！

要是能那樣該有多好……

但令人驚訝的是，細胞卻能做到這件事。

如果不斷地刺激對壓力敏感的細胞，

呃啊！壓力好大！

真是煩死了！

皺巴巴

咿咿咿！

細胞就會轉變成更能夠承受刺激的細胞形態，這就叫做化生。

呼！

現在好多了！但我還是很生氣！

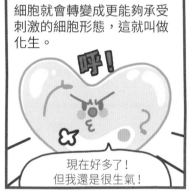

一般來說，細長的細胞變成扁平的細胞是最常見的化生。

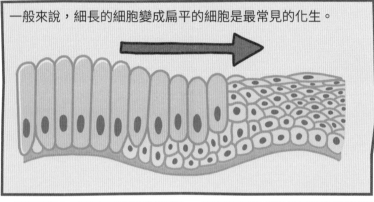

這種細長的細胞主要在支氣管、

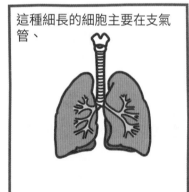

唾腺

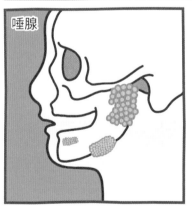

以及食道。

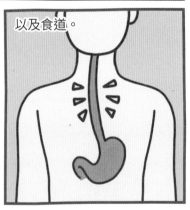

就像抽菸一樣，

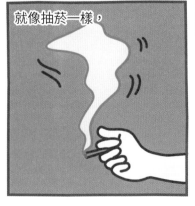

如果這些細胞習慣性地反覆接受刺激，

咳咳　咳咳

就會變成扁平的細胞。

我一定得活成這副德性嗎？真討厭……

120

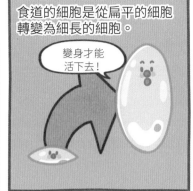

但食道的細胞剛好相反。

食道的細胞是從扁平的細胞轉變為細長的細胞。

變身才能活下去！

還有，萬一身體裡長了石頭……你聽過這種病嗎？

你說這是我的身體裡長出來的？

產出

就是字面上的意思，這是一種身體裡面長了石頭，

天啊

會在身上引起劇烈疼痛的疾病，

肋骨好痛啊……我好像快死了……

這是膽囊結石，就是身體裡長了石頭。

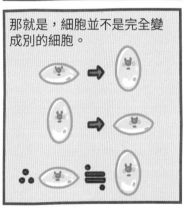

而且隨著細長的細胞轉變為扁平的細胞，這樣的情況更常見。

喔？什麼啊？是石頭！

還不是因為你沒好好工作，才會長出這個！

你說什麼！那麼一開始就不應該刺激我啊！

呃！

啪

啪！

不過像這樣的細胞化生，其實藏著一個祕密。

哐噹

那就是，細胞並不是完全變成別的細胞。

在刺激的作用下產生的訊息，讓細胞的特定基因表現出來，

細胞只不過是重新組合而已。

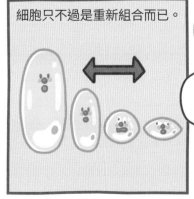

就算是這樣，細胞發生改變也是事實，實在非常神奇呢！

是那樣嗎？我也學到了關於細胞適應的知識。什麼都不怕了！呀呼！

冒出

就如同人類適應各式各樣的環境一樣，細胞同樣也適應著外來的刺激，努力存活下來。如果無法好好適應，細胞將會受損，最壞的情況下，甚至會死亡。當然，就算能順利適應，細胞也可能生病。

細胞的適應方式主要有肥大、增生、萎縮、化生四種。

肥大，細胞的身體變大了！

好羨慕啊！

肥大是指細胞的尺寸變大。
也就是，細胞的數量不變而體積變大。
細胞的肥大主要和肌肉有關。

生理性肥大

運動造成的肌肉肥大，
懷孕時期的子宮肥大。

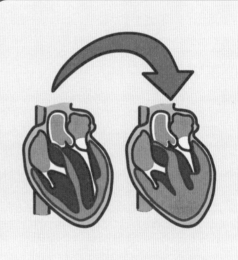

病理性肥大

心臟功能不正常造成的
肌肉肥大，可能引發
突發性死亡。

化生，這是我原本認識的那個細胞嗎？

正常的細胞為了適應環境而變成另一種細胞，就是化生！
也就是，對壓力敏感的細胞變成了更能夠承受壓力的細胞。

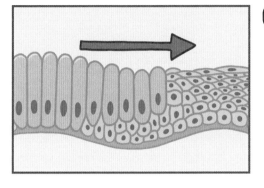

生理性？病理性？

完成化生的細胞本身，變成了問題的來源，演變出病理的形態，這樣的狀況並不常見，不過細胞的化生同樣不是正常的現象。

例如：位於支氣管、唾腺等部位的柱狀上皮細胞（細長的細胞）在香菸和酒的刺激下，被扁平上皮細胞（扁平的細胞）取代。

增生，細胞的數量增加了嗎？

增生是指細胞的大小不變，但數量增加。主要發生在細胞隨時交替汰換的組織，像是皮膚或消化器官上皮組織，以及骨隨等部位。

生理性增生

女性青春期或懷孕時期胸部變大；
手術過後，原先切除的肝臟和肺部
又漸漸長回來。

病理性增生

子宮內膜組織不正常增生；
病毒感染下的特殊反應
造成肉芽生成。

123

萎縮，越來越沒力的細胞！

萎縮是指細胞數量和大小縮減，內臟和組織的體積變小。
萎縮的特點就是，病理性的例子相當多。

病理性萎縮

飢餓萎縮

營養攝取不足，主要是卡路里和蛋白質嚴重缺乏所發生的萎縮，肌肉會出現明顯的萎縮。

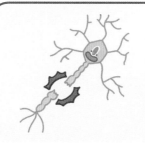

神經性萎縮

神經的損傷造成連接的肌肉纖維出現萎縮。例如：小兒麻痺。

壓迫性萎縮

壓迫造成血液供給量下降，而血液量減少所伴隨而來的各種變化，引起萎縮的發生。例如：褥瘡。

內分泌性萎縮

隨著內分泌器官功能降低以及荷爾蒙失調，對荷爾蒙產生反應的組織出現萎縮的現象。例如：停經期所造成的子宮內膜、陰道上皮萎縮。

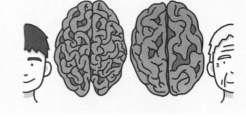

老年化萎縮

老化造成的血液供給下降，導致萎縮的發生，且全身上下都會出現。例如：老年人的大腦、動脈粥狀硬化。

廢用性萎縮

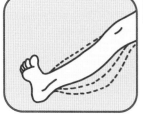

組織或器官長久沒有使用而引發的萎縮。例如：骨折打上石膏的腳。

生理性萎縮

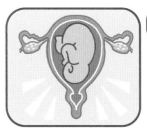

生產過後，子宮變回原本的大小。

Chapter 21

細胞的受損與死亡 1

熊熊燃燒

呼嗚嗚嗚—

閃

閃

全都放馬過來!我會適應你們的!

停!那樣的話!

!

啪

滋

呼嗚嗚—

喔

沒……沒事吧?

我……適應了……對吧……我很棒吧……

你在說什麼啊!適應個屁,你只有挨打的份兒!

什麼?怎麼會?我都忍受了那麼多刺激了……

你應該要量力而為啊!為什麼要那樣!為什麼!這不是適應!是受損!

細胞受損?原來我……死掉了……哈哈……我還想要適應……我也想試著變大……變身……我全都想試試看……

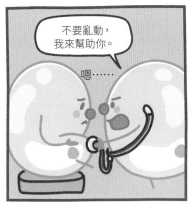

不要亂動，
我來幫助你。

嗯……

嗯一

眞是太好了！照這
樣看來沒什麼問題，
你還能活下來！

眞的嗎？

開

朗

當然囉！相信我準沒錯！我
不是說過了嗎？細胞的受損
可以分成能夠復原的傷害，

還有不能復原的傷害。

下次別再這樣了！適應畢竟只
適合用在細胞承受範圍之內的
刺激。

你要是能適應的話，
那就試試看啊！

如果刺激是不能忍受的程度，
那麼細胞肯定會受傷。

喀啦

一不小心的話，還可能會死
掉呢！

可是……你怎麼……
知道我不會死掉。如果
是騙我的話，現在告訴
我……沒關係……

你把我當成什麼了！我不是
會說謊的那種人！

哇！
眞的嗎？

因爲我了解這兩個之間
的差異，所以我才知道！

假如細胞受的傷能夠復原，那麼首先，細胞會微微膨脹。不只是細胞，細胞內的胞器也一樣，模樣也會變得有些奇怪。整體來說，細胞稍微變大了一些。如果是這樣的話，就是能夠復原的傷害。

皺巴巴

皺巴巴

不過，如果細胞受到無法復原的傷害……可就不是這樣了！

搖頭　搖頭

當然，細胞還是會膨脹。

鼓

鼓

但那不重要，一眼就能發現的差異點更多！不光是細胞膜，細胞的胞器也碎得四分五裂。

砰

砰

破碎的細胞核慢慢消失，RNA 也不見了！甚至連粒線體都出現嚴重的缺陷。

所以，只要看細胞一眼，就能知道細胞會死亡，或者會活下來。

啪　　　滋

我知道了……

但是……那麼我……

細胞受損篇

Q。身體變得圓滾滾沒關係吧？

鼓 鼓

唉……我再也受不了了。

和我一起生活的人，到底是什麼人啊？

老是做一些奇怪的事，我都要死掉了，真是的！

有一次說什麼要減肥，

好長一段時間都沒吃飯，

接著又開始暴飲暴食！

大口大口

她不知道這樣對身體更不好嗎？唉唷……

三十六計，走為上策啊！

喂！你是為了這個才跑出來的嗎？！

你死定了！我要好好折磨你！

呃呃

拜託……

我拜託你……
過度減肥不好……

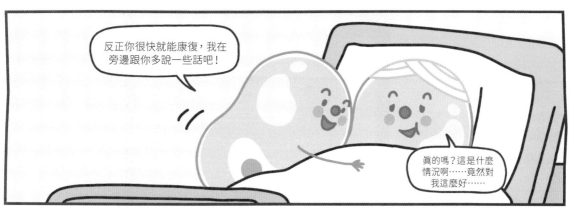

實際上，細胞的死亡有兩種，

其中一種叫做「壞死」。

也就是，某個組織的細胞遭遇到意外的死亡。

因為外來的種種因素，才會發生這種事，

像是病毒、

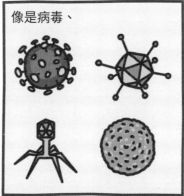

細菌、

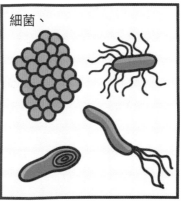

寄生蟲、

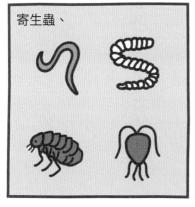

劇毒物質，

以及外傷等等原因。

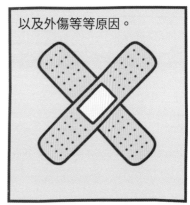

所以，這種死亡也叫做「細胞他殺」。細胞受到了無法復原的傷害後出現的狀徵，就是細胞壞死的特徵。

細胞尺寸變大，

證據 1──變大的身體。

細胞膜、細胞的胞器也支離破碎。

證據 2──殘破的細胞膜和細胞胞器。

還有，細胞核經過特定的過程，慢慢消失不見，

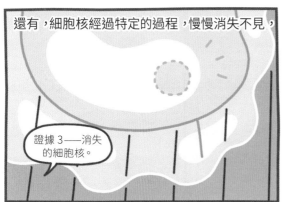

證據 3──消失的細胞核。

細胞的成分也從破裂的細胞膜流了出來。這些都是細胞壞死的特徵。

證據 4──流出細胞外的細胞成分！只要有了以上這些證據，誰都不能離開這裡！

為什麼突然在我面前扮好人啊？

你安靜聽我說……

另外一個是細胞的自我毀滅，也就是「凋亡」。

像我們這樣的小鯷魚 * 也叫做自我毀滅，但不是那個意思，

自我毀滅是指自己慢慢死亡的意思。

細胞凋亡指的是，細胞主動選擇死去，按照預定好的順序，一步一步走向死亡。

自己的墳墓自己挖才有趣！

＊註：韓語的「自我毀滅」和「體積非常小的鯷魚」同音。

細胞凋亡是一種能調整細胞的數量，

並阻止細胞過度增生的死亡，

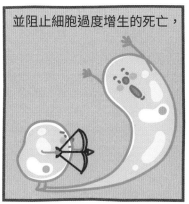

也就是所謂的光榮赴死。

你的選擇是對的！謝啦！

我得奉獻我的生命！

悲

壯

而且，不是只有死掉而已，

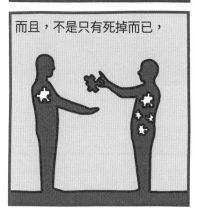

留下來的細胞屍體，會被其他細胞吃掉，當成養分使用。

細胞凋亡的過程中，細胞還會把身體切成一塊塊，讓其他細胞更方便吞食。

你可能很難相信，但這都是事實。即將凋亡的細胞，尺寸會縮小，細胞核也會濃縮，包括細胞核在內的所有細胞成分，會分裂成好幾個碎塊，連細胞本身也破裂成碎片。

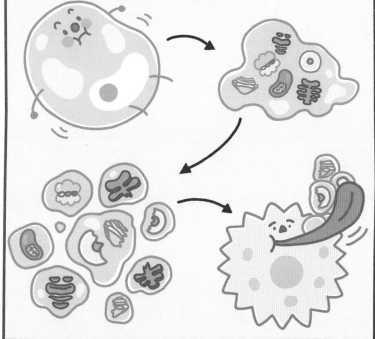

很了不起吧？細胞為了其他細胞，不只主動選擇死亡，

還進一步奉獻自己的身體⋯⋯

沒錯⋯⋯這樣就夠了。

嚼

嚼

這才是真正的「犧牲小我，完成大我」。還有誰會為了別人，二話不說獻出自己的生命呢？
只有細胞！

動物們自相殘殺的情況時常發生，都不過是無法戰勝飢餓感的自私行為罷了！

身為細胞，我很驕傲⋯⋯

對吧？

不過，為什麼我們非得走到這一步呢？

就是那個⋯⋯

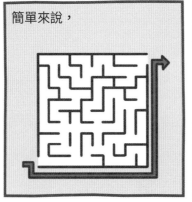

分析外部的因素，

以及內部的因素，

簡單來說，

細胞發覺自己不得不死去，

既然都這樣了⋯⋯

就是內部因素；

沒辦法了⋯⋯

在其他細胞或身體裡粒線體的請求下，

真是的！請不要再死掉了！

嗚　嗚

決定捨棄性命，就是外部的因素。

太好了！收到！

細胞因為氧氣不足、

輻射線的照射，

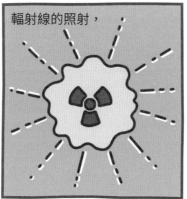

以及藥物的影響，

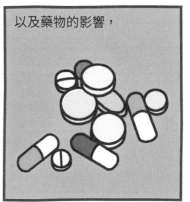

造成細胞核裡的 DNA 受損；

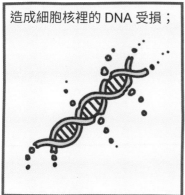

或者，細胞質裡物質的形態發生改變，

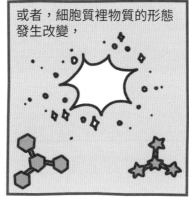

甚至是，物質在細胞體內累積太多，

東西太多，我解決不了……該怎麼辦……

以上種種細胞都能感受得到。

舉例來說，人類利用輻射線來殺死身體裡的癌細胞，

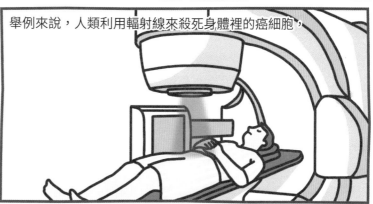

但周圍的正常細胞，同樣也受到了輻射的照射。

哎唷！

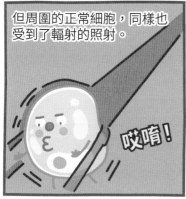

哎呀，DNA 受傷了呢……

咔嗒

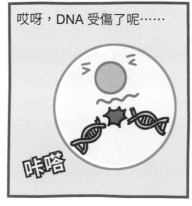

那麼，受傷的細胞就會變成這樣。

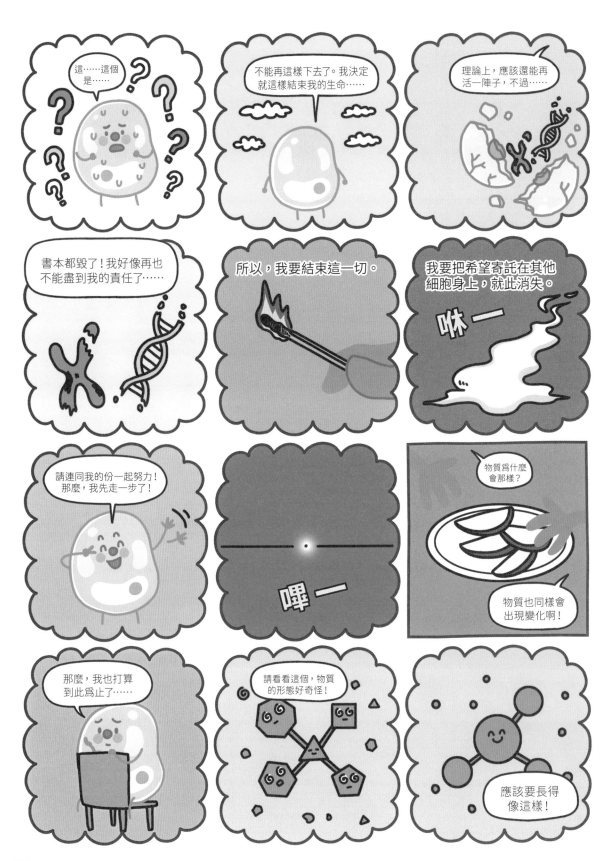

這段期間以來，非常謝謝大家，我先走了。再見……

那個……我也有些事情沒有說……

其實我也一樣，已經好一段時間了。

好像是從這個時候開始的……

我的身體裡實在累積太多不正常的物質，

我再也無法隱瞞了，

對其他細胞來說，我好像一點用處都沒有。

多虧了剛才那位朋友，我才能鼓起勇氣。

那麼我也……大家有緣再見了！

喇　　　啦

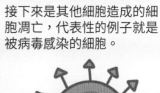

喔……

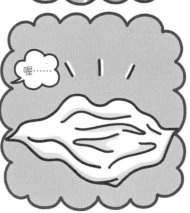

接下來是其他細胞造成的細胞凋亡，代表性的例子就是被病毒感染的細胞。

病毒一旦感染我們的身體，

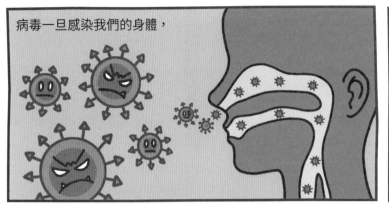

就會進到細胞裡。

比起讓細胞製造物質，

就這樣，大量的病毒被製造出來，逐漸控制更多的細胞，讓我們的身體變得一塌糊塗。

病毒會把細胞改造成能夠生產病毒的工廠。

因此，如果細胞被病毒感染，

特殊的細胞會找上被感染的細胞，傳遞細胞自我毀滅的訊息。

我也很心痛，但是你該消失了。

怎麼樣啊?很有趣吧?所以那個……其實我想跟你說……

我知道你要說什麼……

什麼!

你想告訴我,我正在壞死對吧……

喂?媽媽我的手機不見了,找不到……

我現在的樣子,不就是你剛才說的那樣嗎?我想應該只能看見壞死的特徵……

那個……就算我還能凋亡嗎?萬一真的沒辦法,必須死掉的話,能夠自我毀滅就好了……

那是……不可能的……

果然是這樣……不過還是謝謝你……陪我到最後……

細胞死亡篇

Q. 演技實在太逼真了。你是不是參加過演員訓練班呢?

我天生就是個演員,還算有點天分。

嗯oooooo

那個,叫做方法演技對吧?

雞腿不能忍!

怎麼可以一下子就吃掉了雞腿?

我們分手吧!

一種透過不斷地想像自己是劇中的人物,

我是「雞腿不能忍!」的主角金多莉。金多莉……金多莉……

來賦予角色強烈真實感的演技。

雞腿是我的寶貝!呼!

還需要多說嗎?我剛才都演出來了吧。

Q. 演戲的時候,有不方便的地方嗎?

不方便的地方……

我想應該是特效化妝吧……

豎起

為了畫出細胞壞死狀態的特效妝,可是花了三個小時呢!

卸掉身上的裝扮,也花了一個小時左右。

啊!

讚!

其他部分沒什麼……
很開心!

細胞是如何受傷的？
細胞受傷的原因

大家都知道，外部的刺激是造成細胞受傷的原因。施加適當的外部刺激，細胞能夠適應環境，便能繼續正常地存活，不過一旦刺激超出細胞所能承受的範圍，就會引發細胞受損。

什麼會造成細胞受傷？
造成細胞受傷的因素

缺氧、傷口、溫度，或是氣壓、輻射線、電擊、化學物質與藥劑、太鹹或太甜的食物、辛辣食物、酒、菸，甚至是藥物，以及寄生蟲、細菌、真菌、病毒等等，各式各樣的因素都可能造成細胞受傷。

怎麼會走到這一步……細胞的死亡

實際上，其中包含了三種因素。

首先，細胞的死亡取決於外部負面刺激的本質、刺激的程度，以及持續的時間；第二，即便是相同的刺激，也會隨著細胞種類、狀態、適應能力而有所差異；第三，細胞膜、粒線體、細胞核等主要細胞成分的狀態，也會影響細胞的死亡。綜合這三種要素的影響，決定了細胞的死亡。

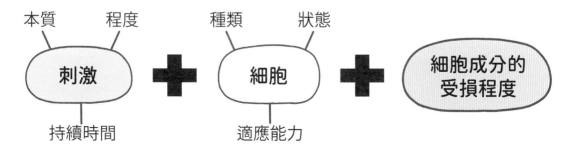

可逆性傷害

可逆性傷害，簡單來說就是可以挽回的傷害。

即使受到傷害，只要施加的刺激消失，細胞就能恢復正常。遭遇可逆性傷害的細胞，體積微微變大的同時，內部的胞器也會略微脹大或呈現奇怪的模樣。如果觀察受損的細胞，只能見到微微的膨脹，就相當於是可逆性的細胞傷害。

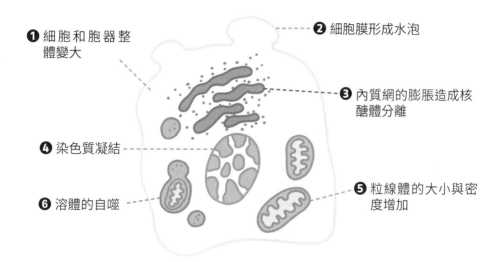

❶ 細胞和胞器整體變大

❷ 細胞膜形成水泡

❸ 內質網的膨脹造成核醣體分離

❹ 染色質凝結

❺ 粒線體的大小與密度增加

❻ 溶體的自噬

不可逆性傷害

不可逆性傷害是指無法挽回，一定會造成死亡的傷害。

觀察遭遇不可逆性傷害的細胞，會發現不同於可逆性傷害的特殊形態，像是細胞內 RNA 消失、細胞膜破裂、細胞胞器遭到破壞、細胞核產生改變。簡單來說，就是細胞變得面目全非。

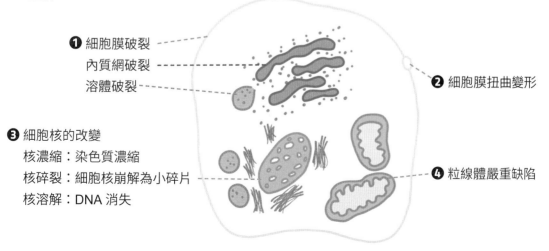

❶ 細胞膜破裂
　內質網破裂
　溶體破裂

❷ 細胞膜扭曲變形

❸ 細胞核的改變
　核濃縮：染色質濃縮
　核碎裂：細胞核崩解為小碎片
　核溶解：DNA 消失

❹ 粒線體嚴重缺陷

細胞壞死

細胞壞死的特徵包括細胞變大、細胞核發生改變，以及細胞膜和胞器受損後，細胞成分流出細胞外。請一定要記得，雖然細胞壞死和不可逆傷害的特徵十分相似，但並不是所有的不可逆傷害，都會演變成細胞壞死。

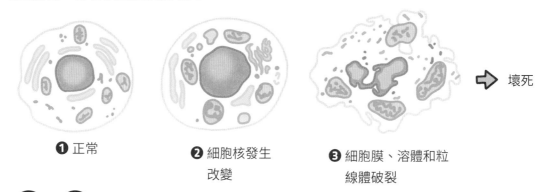

❶ 正常　　❷ 細胞核發生改變　　❸ 細胞膜、溶體和粒線體破裂 ➡ 壞死

細胞凋亡

細胞凋亡是指預定走向死亡的細胞，在死亡的過程中，利用本身所擁有的物質，巧妙地調整細胞成分。和壞死不同，細胞凋亡原本就具有調控細胞數量、抑制組織受損和細胞增生的功能；將細胞本體與細胞核縮小，再分裂成碎片，提供其他細胞攝取再利用，是細胞凋亡的特徵。

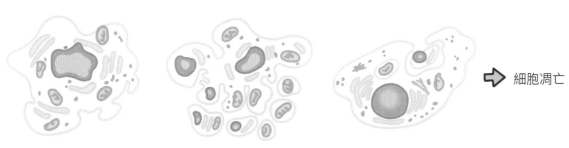

❶ 細胞濃縮
❷ 細胞核縮小、凝集　　❸ 細胞質分裂成許多碎塊　　❹ 巨噬細胞進行吞食 ➡ 細胞凋亡

Chapter 23

不正常的增生物，癌細胞！

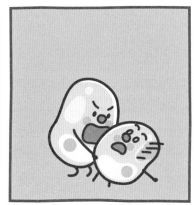

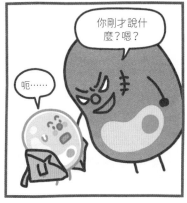

你剛才說什麼？嗯？

呃……

腫……腫瘤！

嗚哇啊啊啊！

什麼嘛！真無趣！本來還想給你一點教訓！

好險……好險！差一點就挨揍了！

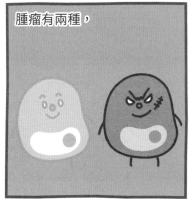

腫瘤有兩種，

他一看就是個非常邪惡的傢伙！

腫瘤不同於其他細胞，是一種不正常增生的細胞組織。

沒有發生特殊的情況，只有一團組織不停地變大，就稱為良性腫瘤。

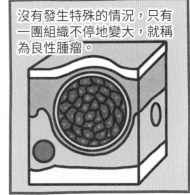

入侵、攻擊周圍的細胞，

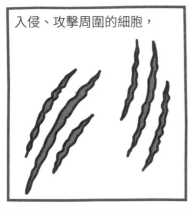

或者往其他地方擴散，則是惡性腫瘤。

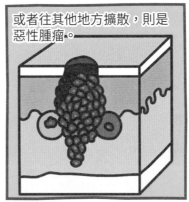

人們好像把這種惡性腫瘤叫做「癌」？

是癌症

是癌症啊，癌症。

屬於癌症的這些腫瘤是非常恐怖的傢伙，以人類來說的話，就是像黑手黨、日本黑幫一樣的犯罪組織！

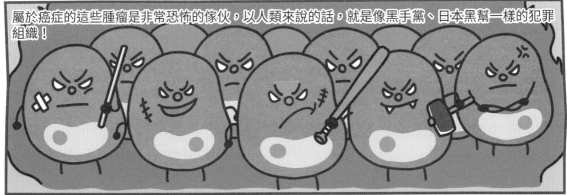

因為他們老是欺負其他細胞，做盡了所有不該做的壞事！

哐噹噹

我說的都是真的！他們做的事完全一模一樣，好好聽我說！

那種犯罪組織悄悄地哄騙行為不良、常常打架鬧事的學生，接著開始培養他們，

學校就算想管也管不了。

不准抽菸！不准喝酒！不准打架！

我會看著辦的，請你別管我。

什麼？你到底以後想變成什麼樣的人？

那種事我不清楚，而且我也會自己看著辦！

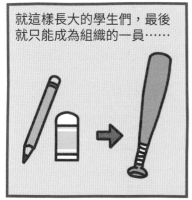

就這樣長大的學生們，最後就只能成為組織的一員……

犯罪集團就是用這種方式，不斷增加數量，到處為非作歹，

腳

踢

拳打

最後落到被警察追著跑的下場。不過，他們到處藏匿、躲避，並不容易被警察逮住。

抓住那個傢伙！

你想抓就抓得到嗎？快逃！躲起來！

到頭來，落網的人數遠遠少於成員增加的數量，集團勢力因此逐漸壯大。

剛開始只不過是社區的不良分子，時間一久，就變成了管理某個地區的凶狠惡霸。

癌細胞也一樣。

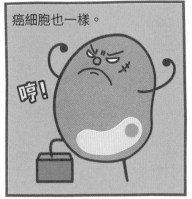

正常的細胞體內有個定期檢測站，

您長這麼大了啊？應該還要再長大一點喔！

好！我知道了！

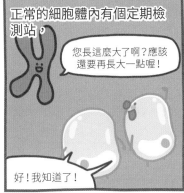

能夠確認、限制細胞的生長，

很好！到此為止！您應該不需要再成長了。

原來如此，那就這樣吧！

但癌細胞卻減弱了檢測站的功能。

那個……您好像過度生長了？

我會自己看著辦的！能不能少管閒事？

照這樣下去，一旦癌細胞過度生長，

哈哈！

身體就會發出訊息來阻止癌細胞繼續成長。

等一下！等一下！您不能這樣！怎麼可以為所欲為？

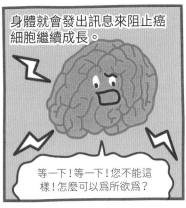

當然，癌細胞不僅不會接受訊息，也不會停止成長。

你想怎麼樣？我突然一肚子火呢！我說過我會看著辦了吧！不是嗎？

因為參與細胞增生的基因發生了故障，

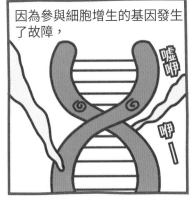

抑制成長的功能無法正常運作。

我會一直成長到宇宙的盡頭！

就這樣，茁壯成長的癌細胞，會危害周圍的細胞，

啊！

讓它們不能發揮正常的功能。

喂，試一次看看！

試試看啊！

嗚

嗚

我來看看會怎樣。

嗚……

那麼，細胞就得這樣過一輩子嗎？當然不是。

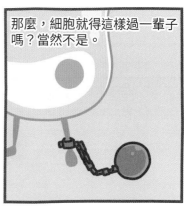

細胞們會發出訊息，告知體內有癌細胞的存在，請求其他細胞協助處理。

一旦我們的身體發現了癌細胞的存在，就會派出被稱為警察細胞的免疫細胞們。對抗癌細胞的免疫細胞有 T 細胞、自然殺手細胞和巨噬細胞。

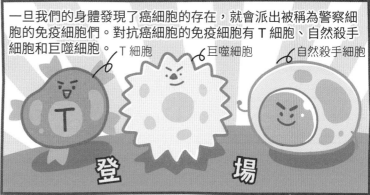

T 細胞　巨噬細胞　自然殺手細胞

登　　　　場

這三種細胞具有能夠吞噬、

大口

大口

破壞癌細胞的能力。

BOOM!

不過可惜的是，就算這些免疫細胞全都出動，癌細胞也不可能完全消失，

這些癌細胞總是知道該怎麼避開免疫細胞。

咻

呼！

你就是癌細胞嗎？長得真噁心啊！這下子你死定了！出動！出動！

哼！

免疫細胞遇見癌細胞時，第一件要做的事情，就是確認身分。

長得好像癌細胞呢……確認一下以防萬一。

不過這個時候，癌細胞會做好防範措施，偽裝成正常的細胞。簡單來說，就是說謊。

我不是癌細胞。您看，我只是過度發育所以身體比較大，我是正常的細胞。

是嗎？看起來好像是那樣……

半信　半疑

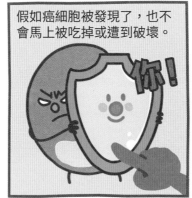

假如癌細胞被發現了，也不會馬上被吃掉或遭到破壞。

你！

癌細胞會把能夠辨認出自己是細胞的相關特徵隱藏起來，用來阻止免疫細胞接近。

呃！只好這麼做了！

咕！

那麼，免疫細胞就找不到癌細胞了！

最後，免疫細胞們也不得不驚慌失措……

唉！明明就說有癌細胞啊……

就是說啊！

到底在哪裡？該不會報錯案了吧？

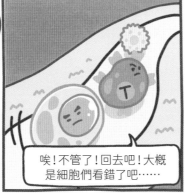

唉！不管了！回去吧！大概是細胞們看錯了吧……

萬一到目前為止的所有過程，都被免疫細胞一一識破，

哈哈……我明白了！這傢伙真的很聰明，不是嗎？

發現了癌細胞的存在，這也不代表癌細胞會完蛋，

那邊那個……你是癌細胞對吧？就是癌細胞！沒錯啊！

癌細胞絕對不會坐以待斃。

沒錯！我就是癌細胞！

癌細胞會分泌出抑制免疫的物質，當作最後的一擊。

上啊！放馬過來！看看誰會贏！今天就來揭曉我們之間哪一個細胞會活下來！

雖然免疫細胞身上覆蓋了抑制免疫的物質，卻不會完全失去功能。

這……這種程度！

不過由於無法對癌細胞造成強烈的威脅，所以難以消滅癌細胞。

你們這些沒用的細胞們，剛才說要把我怎麼樣啊？

因此，無論癌細胞剛開始是多麼小，

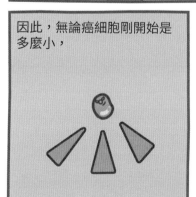

時間一久，就會變成肉眼可見的組織，

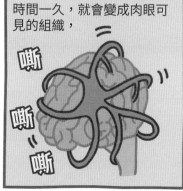

接著擴散到全身，

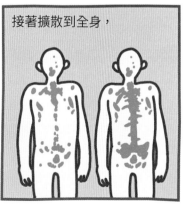

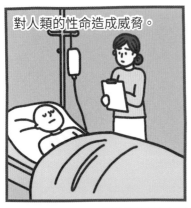

對人類的性命造成威脅。

作為一個細胞，癌細胞不但不能好好發揮功能，

變成癌細胞，就能休息。

細胞工廠

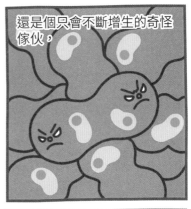

還是個只會不斷增生的奇怪傢伙，

甚至讓正常細胞無法運作！

簡直就是和黑手黨、黑幫這類的犯罪組織一樣……

犯罪組織就是社會的毒瘤，這句話說得一點也沒錯！

犯罪組織絕對和腫瘤沒有兩樣，必須連根拔除。

沒錯！但不是聽說你們這些偉大的人類，目前也找不到抑制癌細胞的藥嗎？

能夠治療癌症的藥到底在哪裡！

確實有可能！對方可是癌細胞呢！

喂！那個誰！我們稍微聊一下吧……

什麼！

哎呀，他不就是癌細胞嗎？完蛋了！

聽說老兄你到處說我的壞話……是真的嗎？

哈哈……

癌細胞篇

Q。你為什麼專門做這些惡劣的事呢？

喂！那個採訪的，你的話聽起來有點奇怪啊！

因為老虎把梅花鹿抓來吃，

所以把老虎臭罵一頓的人，你見過嗎？

還是你見過有人因為獅子吃了斑馬，

而狠狠教訓獅子？

都沒有！因為這是大自然法則！

自然的法則

嗒！

但是！為什麼只針對我？

癌細胞也是生命啊，生命！

難道不應該站在癌細胞的立場想想嗎？摘掉有色的眼鏡！

哐噹噹

這算哪門子的耍賴啊……

Chapter 24

守護我們的身體！—免疫細胞

嗯……你問我為什麼戴太陽眼鏡和口罩嗎？

其實……
那個……

我*？

其實之前我被癌細胞狠狠修理了一頓……真是個大壞蛋，我只不過說了實話……

不管怎麼說，必須快點把這個事實告訴免疫細胞才行。

仔細想想，我好像還沒有好好介紹過免疫細胞呢！

因為突然遇到了奇怪的傢伙……就當作我們之間的祕密吧！

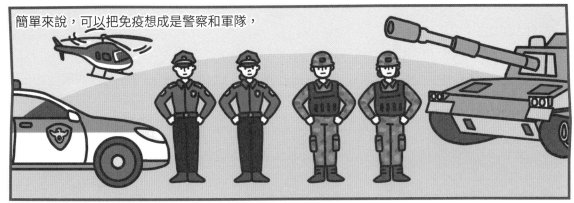

簡單來說，可以把免疫想成是警察和軍隊，

就像為了抵擋闖入國家的敵人們，所以有軍隊；

為了處置闖禍鬧事的壞人，所以有警察一樣，

在人類的身體裡，則是由免疫來負責相同的任務。

＊註：韓文中的「那個」與「那隻螃蟹」同音。

你問我免疫是什麼？免疫細胞們非常多樣！
為了更有效地阻擋敵人，免疫被細分為三個部分，
也就是第一道防線、第二道防線，以及第三道防線。
多虧了這些免疫細胞，我們的身體才能不生病，保持健康。

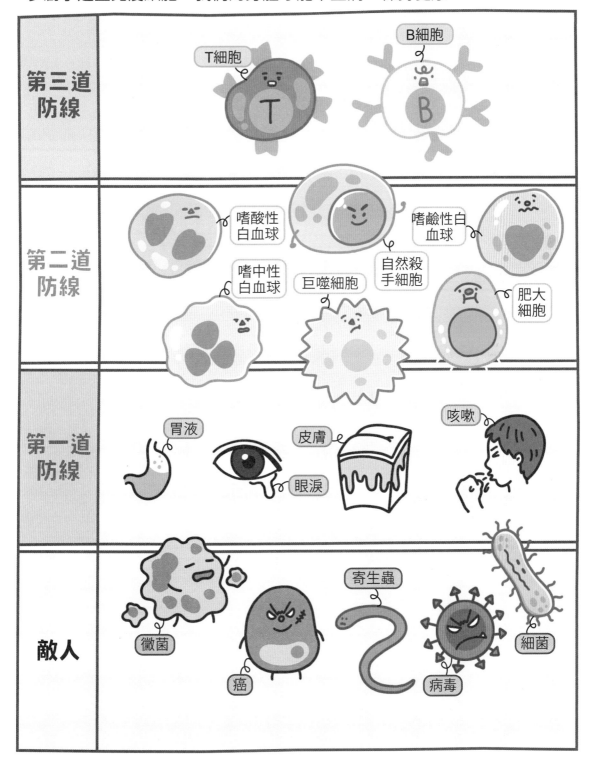

面對敵人的攻擊，最先發揮功能的第一道防線就是物理屏障。

物理屏障的作用就像城牆一樣，不管是什麼樣的外來物，都無法隨便入侵人類的身體。

包覆身體表面的皮膚、

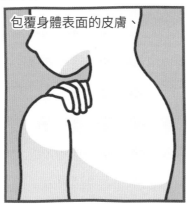

讓眼睛濕潤的淚水、

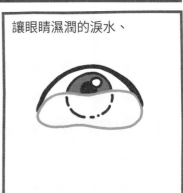

為了消化胃裡的食物而分泌的胃液，

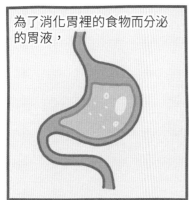

以及偶爾打出的噴嚏或咳嗽，都是主要的第一道防線。

咳咳

皮膚就像我們看到的那樣，發揮屏障的功用，

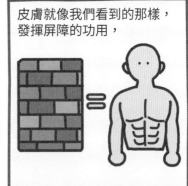

阻擋入侵者進入身體。

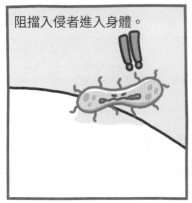

什麼嘛！根本進不去啊！

呿

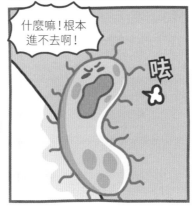

眼淚能讓眼睛保持濕潤，

還能用來表達情感，

不過事實上，眼淚也負責阻擋入侵者。

眼睛裡的特殊物質，

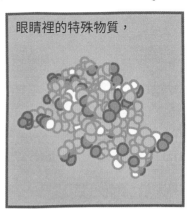

不只能殺死入侵者，

還能讓入侵者變得虛軟無力。

噗嚏一

胃液也一樣，雖然主要被用來消化胃裡食物，

嗝

但同時也扮演著消滅入侵者的角色。

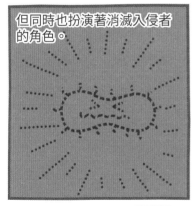

肚子裡的胃液幾乎像鹽酸一樣強而有力，能消除入侵者。

WARNING

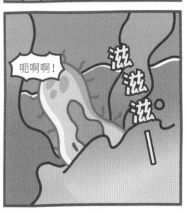

呃啊啊！

滋滋滋

打噴嚏和咳嗽或許會讓你感到意外，

因為偶爾鼻子有點癢，

癢癢

或是喉嚨不舒服，

嗯

都會不自覺地做出這些舉動。

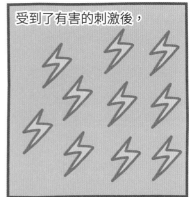

受到了有害的刺激後，

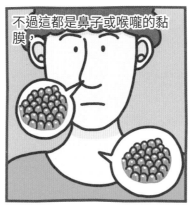

不過這都是鼻子或喉嚨的黏膜，

為了將產生刺激的來源趕出去而做出的刻意行為。

馬上從我的身體滾出去！

哈啾

呃啊啊啊！你怎麼知道？

第一道防線就是像這樣，奮力地阻擋任何入侵身體的外來物。

第二道防線是身體對突破第一道防線的入侵者產生的反應。

打破第一道防線了！好，進攻吧！

登場

哇！這就是人類的身體內部啊！很好！

喀嚓

現在，真正的戰爭才剛要開始。

你以為進到身體裡就結束了嗎？你們通通死定了！

你覺得我們會乖乖挨打嗎？

發揮第二道防線功能的細胞，就是白血球！

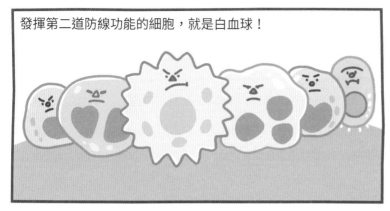

敵人進入身體後，各式各樣的白血球最先站出來作戰，

吃掉敵人或被敵人吃掉，打垮敵人或被敵人擊倒，展開一番激烈的廝殺。

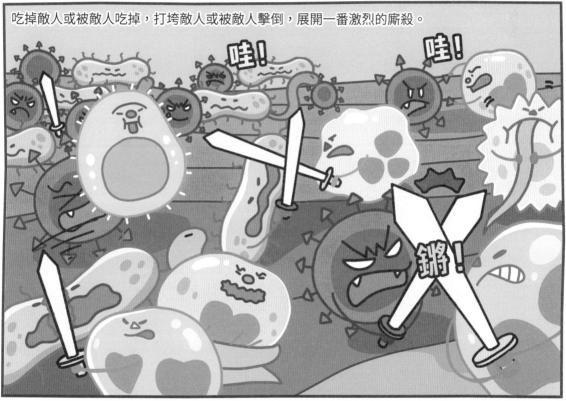

就這樣，一旦雙方經過激烈的決鬥，屍體和廢物也會不斷累積。

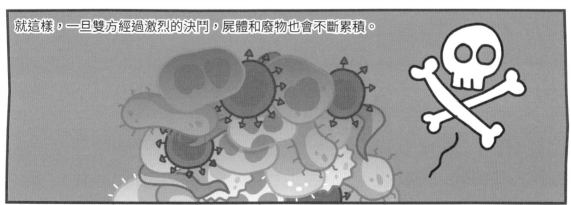

有時候我們也能親眼目睹這個場面，那就是我們身上黃色的膿腫！

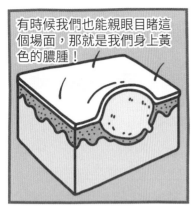

這也是身體裡的細胞奮力作戰的證據。

所以一般而言，當膿腫形成時，只有被稱作戰場的膿包周圍出現紅腫，

同時伴隨著疼痛和發熱。

喔嗚！好痛！

不過一旦白血球和敵人們的戰爭短時間內無法結束，必須拉長戰線的話，

全身就會發高燒。

40℃

因為許多白血球必須依靠血管四處奔波，

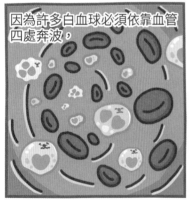

完成和其他細胞交換訊息之類的工作。

免疫的作用絕大多數會在第二道防線結束，

馬到成功！

不過萬一敵人的抵抗過於頑強，無法只靠在第二道防線作戰的白血球來解決的話，

成功？開什麼玩笑！你以為我們會這麼容易被打倒嗎？心存僥倖的人肯定會死，不怕死的就能活下來！

兄弟們，上吧！

你說什麼！

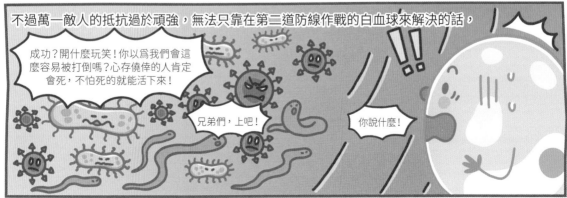

第三道防線的特殊細胞就會發揮作用。

不好了！敵人太強了！

沒辦法！只能換我們出馬了……

T 細胞是第一線要員，甚至也可以視為警察，

他們親自到戰場直接參與作戰；

B 細胞則是技術要員，或者也能看成是特殊武器的製造人員，

雖然沒有直接上戰場，

卻能夠對敵人們發射有效的追蹤武器，

去吧！

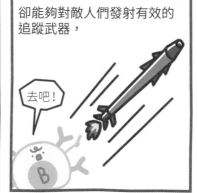

打垮、消滅敵人。

砰　砰

如果突破了第三道防線，會發生什麼事呢？

最好還是不要想像比較好。

嚴　肅

免疫細胞如果全軍覆沒，馬上就會危及性命。

Chapter 25 免疫也有分種類！

你知道根據不同的角度，免疫大致上能用兩種方式來區分：

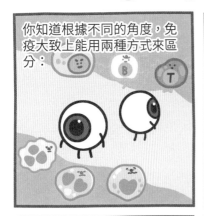

可以按照免疫生成的時機來劃分，

我身上什麼時候有免疫了？

也能按照免疫運作的方式來分類。

免疫是怎麼趕跑敵人的呢？

首先要介紹的免疫，實在非常簡單，可能會讓你失望！

$$1 + 2 = 3$$

那就是，一出生就擁有的「先天性免疫」，

以及出生後才形成的「後天性免疫」這兩種。

這裡說的後天性免疫，是人類出生後，逐漸適應環境而形成的免疫，所以又稱為「適應性免疫」。

一開始就存在的，就是先天性免疫；後來才形成的，就是後天性免疫。很簡單吧？

接下來是按照免疫的運作方式所做的分類。

嚼　嚼

免疫究竟用什麼方式運作呢？這與第三道防線息息相關，也就是 T 細胞和 B 細胞。

製造特殊武器的 B 細胞所負責的免疫，就稱為「體液免疫」；

T 細胞直接上戰場打仗，就稱為「細胞免疫」。

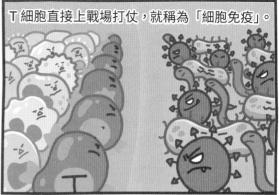

他們所負責的任務，和人類發起的戰爭非常相似。

說到戰爭，雖然會出現彼此之間互相扭打搏鬥的狀況，

但人類也會發明出核子武器和導彈，

只要按下一個按鈕，

炸彈就會飛向天空，

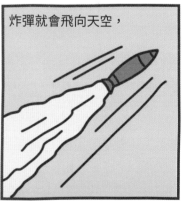

把敵軍轟炸得體無完膚。

當然，人類親自上場作戰的情況，目前還是占大多數，所以才會非常需要軍人。

我的意思是，各種戰鬥的特徵和體液免疫、細胞免疫非常相像。

舉例來說，假如人類直接上戰場打仗，

即便今天打贏了，

登場！

VICTORY

明天也有可能會輸，不是嗎？

DEFEAT

到了後天，還是有可能再度取得勝利。

磅磅磅！！

終於贏了！最後勝出的人不就是贏家嗎？

相反地，如果使用的是高端武器，

DANGER

計算過武器的爆炸範圍，

掃描

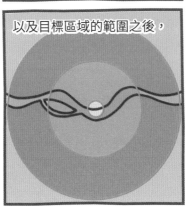

以及目標區域的範圍之後，

如果是同一個地方的同一群敵人，無論何時都能獲勝。

只要一顆導彈就能毀滅地面上的一切，不管什麼時候都能獲勝！

所以，簡單來說，體液免疫可以說是使用高端武器的戰鬥，

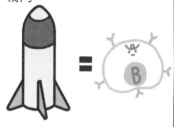

而細胞免疫則是親自上場的戰爭。

還是分不清楚嗎？別擔心！現在開始，我會仔細地介紹！

我剛才說過，參與體液免疫的 B 細胞會製造特殊的武器，

而這些武器會隨著體液（身體裡的血液、淋巴、唾液、眼淚等液體），流到身體的各個地方。

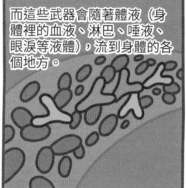

另外，武器還能鎖定特定的敵人，

破壞他們，或讓他們無法動彈、失去作用，甚至變成一種敵人身上的標記，呼喚其他免疫細胞前來。

呃啊啊──！

像這樣的體液免疫，B 細胞所製造的武器會隨著體液流到全身，

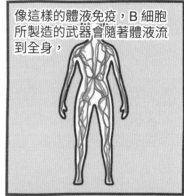

並完成免疫的過程，所以才稱作「體液免疫」。

那麼，和 T 細胞有關的細胞免疫，又是怎麼作用的呢？

T 細胞雖然也會製造出一些物質，完成某些工作，

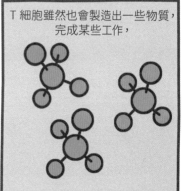

不過 T 細胞總是親自前往問題發生的現場，

呃啊啊啊一

是那裡嗎？

這裡摸一摸，

暈眩

原來是感染了病毒……

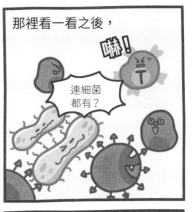

那裡看一看之後，

嚇！

連細菌都有？

才能正式啟動免疫。

我絕對不會原諒你們這些傢伙！

抖抖

像這樣，由於細胞直接參與了免疫的過程，所以稱為「細胞免疫」。

砰！！

當然，其他的免疫細胞也一起參與了免疫過程，B 細胞所主導的體液免疫也一樣。

就算我們不是主角，也不要忘記我們喔！

因為我們是必要的存在。

那麼，體液免疫和細胞免疫為什麼重要呢？

那都是為了阻止疾病再次產生。

就拿預防接種當作例子來說明吧！

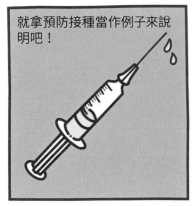

人們希望在接種之後，得到什麼樣的效果呢？

不就是希望別再得到相同的病嗎？

當然囉！

不過，以新冠病毒來說，

得到新冠肺炎之後，就算身體康復，

有些人還是會再次得病，

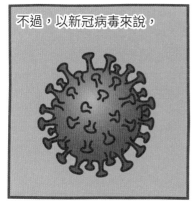

病懨懨

有些人則不會。

正常

另外，有些人就算接種了疫苗，還是得到了新冠肺炎。

怎麼會？我明明打疫苗了！

這就是接受了細胞免疫之後痊癒，

或接受體液免疫後痊癒的差別。

如果是透過細胞免疫而康復，

我相信你應該知道，這裡說的不是細胞做成的城牆＊。

在沒有生成任何武器能夠對付新冠肺炎的狀態下，

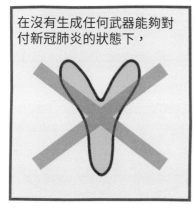

T 細胞和白血球會找出所有感染新冠病毒的細胞，再通通清除，

用這樣的方法讓身體痊癒。

登登

登登

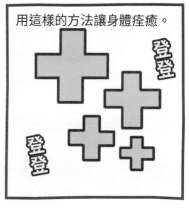

＊ 細胞免疫又可以稱為細胞性免疫，韓文中的「性」和「城」同音。

也因為這樣，還有再次染病的可能性。

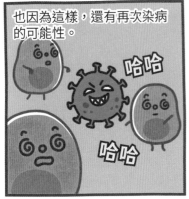

哈哈

哈哈

不過症狀和之前不同，

嗯……是感冒嗎？

馬上就能痊癒。

咻———

因為是之前遇過的敵人，所以更容易應付。

簡單，小意思！

但如果是透過 B 細胞免疫，也就是體液免疫的方式，將新冠病毒趕出體外的話，

因為已經有過一次製造特殊武器的經驗，

之前那個啊？我來瞧瞧……

就算新冠病毒再次入侵，也能馬上解決。

你好，我又來了……喔喔喔？

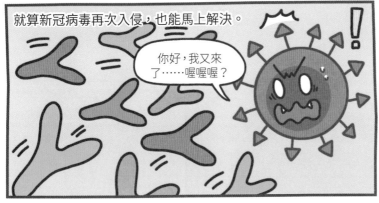

也就是說，身體不會再次感染新冠肺炎。

對了！你現在肯定在想「那麼，只要有滿滿的 B 細胞不就行了嗎？」

那是錯誤的想法。根據入侵者的不同，免疫細胞也有不同的負責對象：

黴菌、細菌等，

過敏原、寄生蟲等，

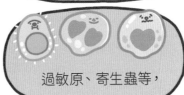

黴菌、細菌、被病毒感染的細胞、癌細胞等，

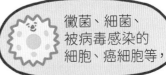

被病毒感染的細胞、被細菌感染的細胞等。

身體的入侵者

一天當中，人類的身體會承受好幾次外來敵人的入侵，敵人包括黴菌、細菌、病毒等等，種類非常多樣。不過，我們不但感覺不到一絲異常，而且還能正常地生活，這究竟是怎麼回事呢？正是因為，我們體內的防禦機制持續發揮作用。

身體的防線

我們體內的防線有三道，分別是第一道防線、第二道防線，以及第三道防線。

第一道	第二道	第三道
第一道防線負責阻擋外敵入侵我們的身體。	突破第一道防線的敵人，將會面對體內的第二道防線。從第二道防線開始，身體將會動員免疫細胞。這些免疫細胞，主要是我們常聽到的白血球。	萬一第二道防線無法順利擊退敵人，身體就會派出第三道防線的特殊細胞，也就是 T 細胞和 B 細胞。

皮膚　　　　咳嗽

胃液　　　　眼淚

嗜酸性白血球　　自然殺手細胞

嗜中性白血球　　巨噬細胞

嗜鹼性白血球　　肥大細胞

T 細胞

B 細胞

與敵人對抗的免疫細胞

　　免疫細胞的主要任務，是清除身體裡的敵人，所以種類非常多樣。免疫細胞究竟有哪些？他們對付的敵人又是誰呢？

黴菌、細菌、被病毒感染的細胞、癌細胞等

病毒、細菌、毒素等

黴菌、細菌等

被病毒感染的細胞、被細菌感染的細胞等

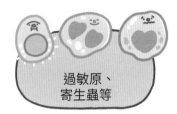

過敏原、寄生蟲等

先天性免疫

先天性免疫＝自然免疫

　　先天性免疫又稱為自然免疫，是一出生就擁有的免疫系統。包括皮膚、黏膜、黏液中的某些成分，或是隨著血液到處流動的白血球。先天性免疫經常處於活化的狀態，或者能受到激活馬上發揮作用，所以具有迅速啟動的特性。

後天性免疫

後天性免疫＝適應性免疫

　　後天免疫是出生後，在不斷適應環境的過程中形成的免疫，被稱為適應性免疫。適應性免疫主要由 T 細胞和 B 細胞負責。不過辨別出入侵敵人的種類特性後，根據不同的敵人，也會派出不同細胞來應對。

體液免疫和細胞免疫

　　適應性免疫又能分成體液免疫和細胞免疫，兩者間的差異取決於負責任務的細胞。B 細胞所負責的免疫稱為體液免疫，由 T 細胞負責的免疫則稱為細胞免疫。

B 細胞，體液免疫，
抗體隨著體液流動

 適應性免疫

T 細胞，細胞免疫，
細胞到處奔波打仗

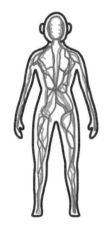

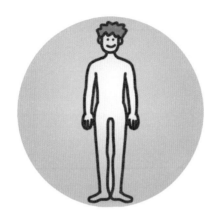

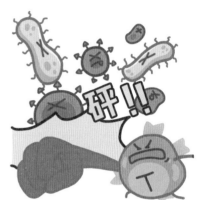

　　B 細胞免疫之所以被稱為體液免疫，是因為 B 細胞所製造的抗體本身的特性。這種抗體會隨著體液在體內移動，攻擊外來的敵人。體液能夠到達的地方，免疫就能夠發揮作用，因此稱為體液免疫。

　　T 細胞免疫之所以被稱為細胞免疫，則是因為 T 細胞會親自前往戰場對抗敵人。T 細胞必須移動到戰場，與敵人接觸，確認敵人的身分之後，免疫才會發揮作用。由於細胞直接參與免疫的過程，所以稱為細胞免疫。

Chapter 26 免疫反應的特性

負責進行免疫的細胞和物質稱為「免疫系統」，

免疫系統

免疫系統對入侵身體的敵人產生的反應，就叫做「免疫反應」。

哇啊啊

鏘

你聽說了嗎？人類把我們打倒敵人的行為叫做免疫呢！

和其他的細胞運作不同，免疫反應擁有許多獨特的性質。

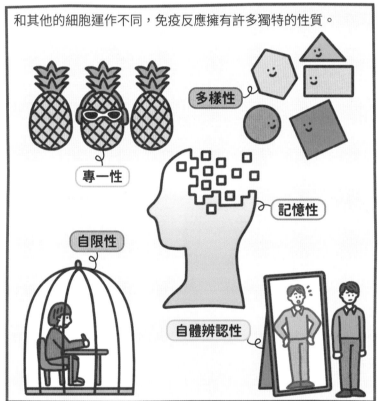

多樣性

專一性

記憶性

自限性

自體辨認性

至於為什麼會這樣，我也不太清楚。

嗯⋯⋯⋯⋯

不管怎樣，應該都是為了保護我們的身體吧？

看看警察和軍人，

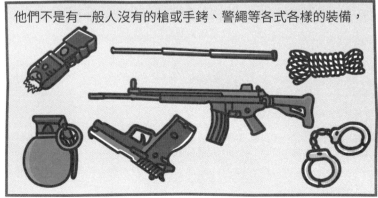

他們不是有一般人沒有的槍或手銬、警繩等各式各樣的裝備，

也知道各種壓制犯人的方法嗎？獨特的地方非常多呢！

啊啊！

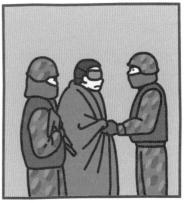

當然，或許有另外的原因。

我們天生就這樣啊……

什麼就這樣！這種安逸的想法一點也不好！你們變成了任人擺佈的機器！

哎！

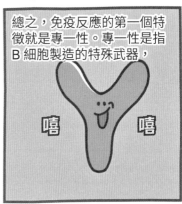
總之，免疫反應的第一個特徵就是專一性。專一性是指B細胞製造的特殊武器，

嘻　　嘻

能夠分辨出敵人。

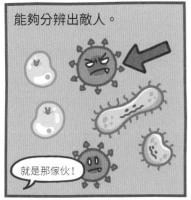
就是那傢伙！

這個被稱為特殊武器的物質，透過和敵人結合的方式來發揮效果。

嚓─！

咔
嗒！

根據敵人的不同，各個特殊武器能夠結合的結構也會不一樣。

而且，一個敵人身上，也可能擁有各式各樣的結構。

哇

舉例來說，就像這樣：

就好比每個人的臉孔都不同，

哎呀！這不是智浩嗎？

但腦海裡總能回想起那個人是誰一樣。

還有，雖然每個人臉上都有眼睛、鼻子、嘴巴和耳朵，

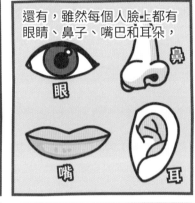
眼　鼻　嘴　耳

但就像我的耳朵和別人的耳朵，

或多或少有些差異一樣，

進到我們身體裡的入侵者也是如此。

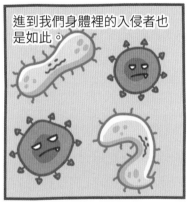

特殊武器能夠辨別、區分出這些差異，這就是專一性。

滴滴滴

目標確認中……

當然，即便是不同的敵人，也會因為外表過於相似，

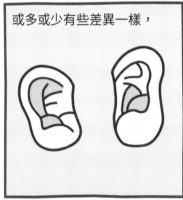

和特殊武器結合在一起。

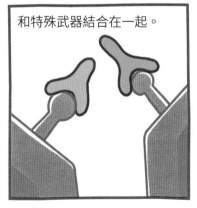

一般而言，這樣的狀況雖然不會造成太大的問題，效果也能正常發揮，

舒服

康復了！

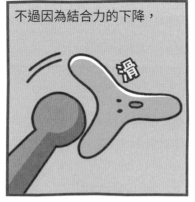

不過因為結合力的下降，

滑

有時也會產生一些問題。

呃喔喔……身體好奇怪啊……

昏～

接下來是多樣性，

多樣性就是一種，能讓人們想著「當然會很多樣」的同時，

還會一邊感嘆「這怎麼可能？」的特徵。

為什麼呢？就像之前所說的，每個敵人都長得不一樣，因此也會有針對不同敵人的特殊武器，這就是多樣性！正因為我們的身體能夠受到保護，所以這件事看起來理所當然，但只要試著想想敵人的種類有多麼多，肯定會嚇一大跳。因為我們一生中會遇見的敵人，可能數也數不清。

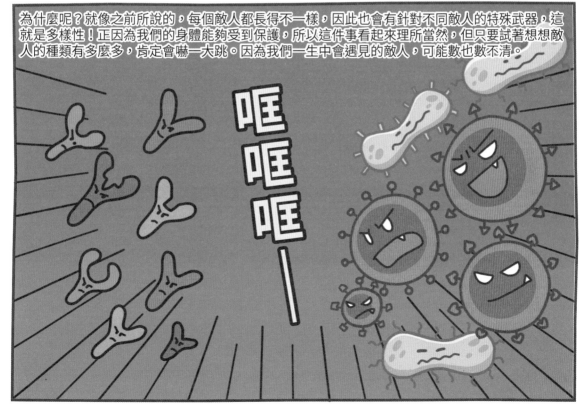

呃喔喔─

第三個要介紹的是記憶性。

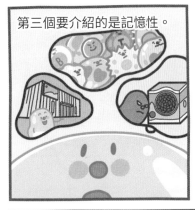

免疫反應會留下記憶，

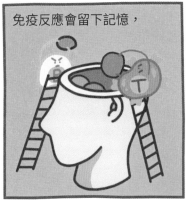

剛才有提到呢，還記得嗎？

不記得也沒關係啦！

當我們第一次遇到的敵人闖入身體，必須借助第三道防線的力量時，

嘿
嘿
嘿

就得透過 B 細胞負責的體液免疫，以及 T 細胞參與的細胞免疫，

才能將敵人擊退，治好疾病。

砰！

不過，因為是第一次相遇，所以對於敵人的免疫反應除了水準低落和慢半拍之外，也沒有別的了！

你知道我請求多少次了嗎？希望你們務必支援！敵人已經入侵了！我說敵人已經入侵了！

嗚嗚嗚——

但如果是同樣的敵人再次入侵，

你做什麼？竟然還敢來？

因為免疫反應變得更急劇、更猛烈，

哐
噹
噹
!!

身體不會再次得病，或者就算得病也能迅速康復，

因為免疫細胞留下了記憶。

之前那個傢伙！

這個要不要也舉個例子來說明？

家裡來了一個從沒見過的人，名叫哲秀。

你好！我是哲秀。

對我來說，哲秀是從來沒見過的陌生人。

這是誰呢？

但既然哲秀都來家裡了，或許家人們會認識哲秀也說不定，

當然也有可能是需要定期檢查瓦斯、網路等設備的人員，

所以不能隨便把他趕走。

喔……那個……嗯……好，我知道了。

就算想在適當的時機點把他趕走，還是得先確認他的身分才行！

我是第一次見到您，您是哪位？

我不管怎麼回想，都不記得曾經見過您！

您來這裡有什麼事嗎？

為什麼會來這裡？

您認識我的家人嗎？

還是，您是定期來檢查某項設備的人員？

接下來，哲秀就會進到家裡，然後定居下來，把這裡當成是自己的家，大搖大擺地走來走去。

乾脆在這裡住下來！雖然是別人的家，但我想把它當成我的家，應該沒問題吧？

什麼！您不能這樣！

我不知道，我不知道！我要住在這裡！

真是的，您不要這樣！請您離開我家……

因為錯過了趕走哲秀的最佳時機，所以如果想要趕走這個搗亂分子的話，

只能這樣了……

就只能採取激烈的手段，

嘎吱

不過想把哲秀趕走，不知道得用多麼激烈的方法。

光靠拳頭好像辦不到！球棒會不會不夠力？高爾夫球桿呢？還是用肉槌呢？

用了各種辦法終於把哲秀趕走，

哐噹噹噹！

馬上滾出我家！

世界上果然什麼奇怪的人都有。

哲秀的到來，讓家裡變得一團亂。

啊……

得花上好一陣子整理！

這就是敵人第一次進到身體內的情況。

啪

免疫反應的水準低落和慢半拍，也是沒辦法的事。

沒錯！沒錯！

哲秀為什麼又來我家了呢？

你好，我是哲秀。

因為已經記住了哲秀的臉孔，所以此時我立刻採取了行動。

哪裡來的瘋子，還不馬上滾出去！

匆匆忙忙

你……你敢再來一次的話，我絕對要你好看！

反應變得迅速又激烈，對吧？

這就是免疫反應的記憶性！

不過因為免疫系統的結構非常精密，而且具有系統性。

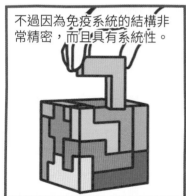

其他外表非常相似的敵人到來的話，免疫反應又會從零開始。

你好，我是哲順。

總不能這樣永無止盡地抵擋不斷進入體內的各種敵人，繼續存活下去吧？

光是今天，就算已經阻擋了 500 次，敵人還是入侵了 88 次……

我累了……

這根本說不過去……我是說得找出辦法才行！

沒錯！我說我不幹了！

到底要阻擋到什麼時候啊？

沒錯！沒錯！

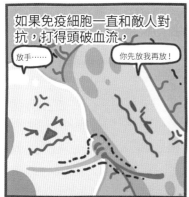

如果免疫細胞一直和敵人對抗，打得頭破血流，

放手……

你先放我再放！

身體會發高燒，

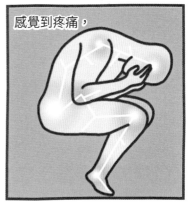

感覺到疼痛，

同時也離健康的身體越來越遠。

所以免疫反應會在反應出現一段時間，

或者完全消滅敵人之後，逐漸平息。像這樣讓免疫反應自然而然停止的特徵，就叫做自限性。

甚至就算敵人還沒有完全消滅，

免疫系統也不會啟動免疫反應。

裝作沒看到！一起裝作什麼都不知道吧！

一般來說這種情況下，免疫系統通常會這樣。

不知道……不知道！看不見！沒有敵人！

某些敵人入侵身體後，

免疫系統會產生激烈的反應，將敵人清除，

沒過多久，當同樣的敵人再度入侵，

此時，由於免疫反應留下了記憶，理所當然能夠輕輕鬆鬆地再次消滅敵人。

Delete

不過，相同的敵人又再次入侵了呢？

又是你？哇……

同一個敵人像這樣不斷地入侵身體，久而久之，免疫細胞會認可這些敵人，把它們當作一家人。

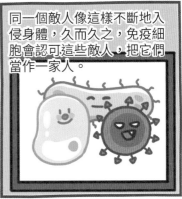

體內明明有敵人，免疫系統卻沒有任何反應。

你好！我又來了！

我們輸了……我再也不打算做出反應了。

和你相處久了之後才發現，你就像我們的一份子，以後我們就是一家人。

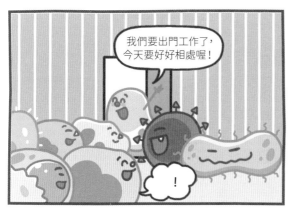

我們要出門工作了，今天要好好相處喔！

這樣的狀況就稱為「無反應」，英文就是「Anergy」。

細胞不會產生反應了！失去反應能力了！

咚咚 咚

簡單來說就是，免疫反應只會針對敵人產生作用。

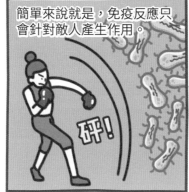

砰！

免疫細胞能夠辨認外來的敵人，

！

啟動反應，

嗶

接著將他們一網打盡，

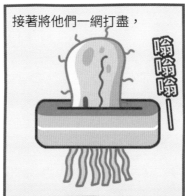

嗡嗡嗡——

只要免疫細胞下定決心，同樣也能除掉一般的細胞不是嗎？

當然有這個可能，真心想做的話，沒有辦不到的事。

不過，免疫細胞不會對一般的細胞發生反應，這就是自體辨認性。

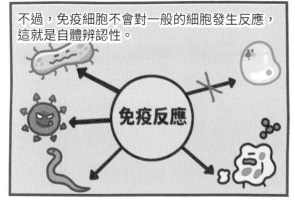

免疫反應

在這之中，特別將免疫細胞不攻擊一般細胞的這項準則，稱為「耐受性」。

免疫耐受性

這樣的耐受性必須保持不變，

才能維持正常的免疫反應。

不過萬一耐受性沒有固定的基準，免疫細胞變得出爾反爾的話，

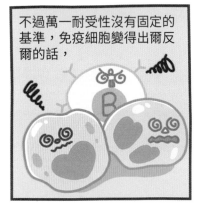

那麻煩可大了！

完全是場大災難。

免疫細胞會開始攻擊身體的細胞或有益微生物，

造成嚴重的疾病，甚至危及性命。

真是連想都不敢想的悲劇啊！

免疫的特徵到此結束！雖然結束了，不過……對了！還有那個！

哲秀先生篇

Q. 哲秀先生，您爲什麼老是進入別人的家裡？

這是一段非常奇妙的故事……

小時候，我的家裡非常有錢，

我住在一棟超過 100 坪的大房子裡，

戶外還有庭園和池塘，

不過好日子並沒有持續太久。

公司倒了，我們家破產了。

在那之後，為了躲避找上門來的債主，我們搬了數十次的家。

久而久之，我的身體變得無法待在同一棟房子裡。

這……這個家我再也待不下去了！這裡讓我不停發抖，呼吸也變得困難。

所以，我才會隨便闖進別人的家。我知道這不對，現在我也變成了通緝犯。但是……

喔噹噹

逃走吧！

呃啊！警察來了！

匆匆忙忙

真是個奇怪的人……

咦？是免疫細胞？怎麼回事？

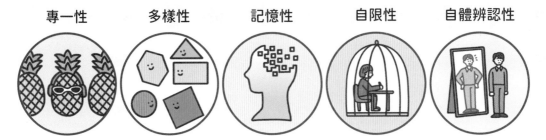

免疫適應的特徵非常多，其中包括專一性、多樣性、記憶性、自限性、自體辨認性等等！

專一性，是指抗體能夠分辨出敵人身上各式各樣的結構。

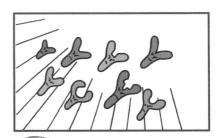

多樣性，是指能夠和各種結構結合的抗體，在結構上也各有不同。

免疫反應具有**記憶性**。
不過，身體能記住一輩子的敵人相當少。
假如已經入侵過一次的敵人，再次進到體內，免疫反應就會變得更加急遽和激烈。因此，身體可能不會再次得病，或者就算得病，也能很快痊癒。然而，如同我們的記憶不可能完美無缺一樣，免疫反應留下的記憶也不可能永久保存，所以大部分的記憶會隨著時間被淡忘。

免疫反應會在適當的時機平息，經過一段時間，或者完全消滅敵人之後，免疫反應就會消失，甚至就算敵人尚未完全消滅，有時免疫反應也不會啟動。像這種免疫反應自然而然停止的免疫特徵，就稱為**自限性**。

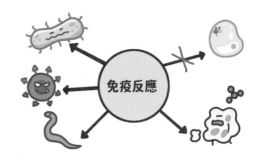

免疫反應不會作用在自己身上，這樣的特徵就叫做**自體辨認性**。
免疫細胞會辨認出敵人，接著啟動反應，然後消滅敵人。而這就表示，免疫細胞也可能會破壞我們身體的一般細胞。然而，除非處於特殊情況，否則不會發生這樣的狀況，因為免疫細胞會把一般細胞當作組成身體的一部分。

Chapter 27

你的身體不是你的身體？免疫特權區

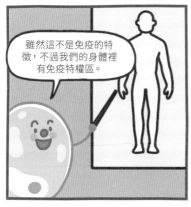

雖然這不是免疫的特徵，不過我們的身體裡有免疫特權區。

也就是，完全不會發生免疫反應的地方。

免疫細胞？那是什麼？可以吃嗎？

空 曠

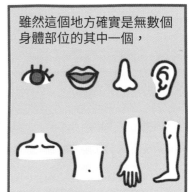

雖然這個地方確實是無數個身體部位的其中一個，

但免疫細胞並不認為這是身體的一部分，

哇……這裡是哪裡？這是人類的身體沒錯吧？

所以不會發生免疫反應。

雖然不知道這是哪裡，不過還真和平啊！

你問我那個地方在哪裡嗎？

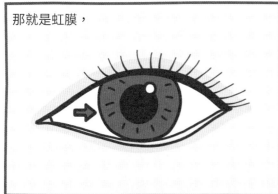

那就是虹膜，

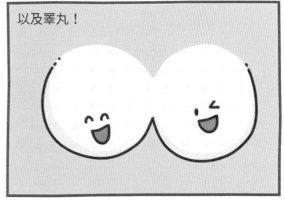

以及睪丸！

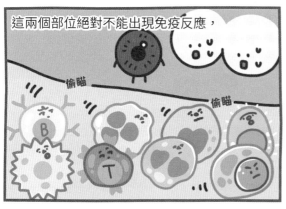

這兩個部位絕對不能出現免疫反應，

偷瞄

偷瞄

一旦發生免疫反應，反而會生病！

看完整個過程，就簡單多了！

邊走路邊滑手機，

眼睛狠狠地撞上電線桿，

砰！

接著，眼球破裂了！

呃啊啊啊—

那麼到眼科看診時，

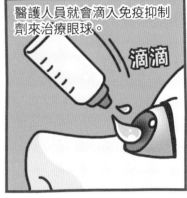

醫護人員就會滴入免疫抑制劑來治療眼球。

滴滴

萬一沒有妥善地抑制免疫反應，

生氣！

生氣！

就得挖除受傷的眼睛。

孤零零

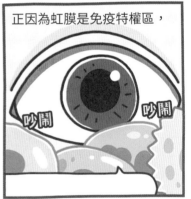

正因為虹膜是免疫特權區，

吵鬧

吵鬧

一旦發生了免疫反應，

碰！

免疫細胞就會把虹膜當成敵人，

所有人都是敵人！作戰開始！

哇啊啊啊—

甚至開始攻擊另外一邊的虹膜，

這裡還有，除掉他們！

吵鬧

吵鬧

那麼另一邊健全的眼睛，也會失明。

也就是說，必須做出起碼能夠保住一隻眼睛的最佳選擇。

嘖！

沒辦法了！

睪丸也一樣。

踢足球踢到一半，

胯下突然被足球擊中，

碰！

或是遭到球友直接撞擊，

磅

最後造成一側的睪丸破裂。

抖抖抖抖──

這樣的狀態到了泌尿科，一般而言，醫生會切除破裂的睪丸。

把它切了吧！

由於睪丸同樣是免疫特權區，

這裡還有什麼？像這樣的地方有沒有……？

吵鬧

吵鬧

一旦發生免疫反應，睪丸立刻就會被免疫細胞視為敵人，

準備戰鬥！這傢伙是敵人！

哇啊啊──

另一邊的睪丸也會受到免疫細胞的攻擊。

在這裡！這裡也有！

嗚

你問我為什麼睪丸不使用免疫抑制劑嗎？

免疫抑制劑

探頭

當然也不是不使用，

不過，比起使用免疫抑制劑，直接切除睪丸的人還是占絕大多數。

眼睛是靈魂之窗，

風景真好！

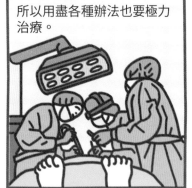

所以用盡各種辦法也要極力治療。

不過，睪丸不一樣，

咦？為什麼只有我……

因為就算兩顆蛋蛋之中，只剩下一顆，

生殖能力上也不會造成任何問題。

所以，不論男性的胯下因為什麼理由遭到重擊，

絕對不能說一句「應該沒事吧！」

哼！

一定要確認睪丸有沒有破損，

用力

不能隨便就這麼算了！

住手！住手！
我自己看！
我說我自己看啦！

務必盡速就醫，這樣才能守護後代子孫！

沒事？不行！那只是表面上看起來而已。我們去醫院！

免疫特權區的介紹到此告一段落！

嘻

還有……關於細胞的漫長介紹，也在此畫下句點了。

肉眼看不見的東西篇

Q. 一口氣說出所有關於細胞的祕密，你的感想是？

現在嘛……我沒有特別的想法耶！

這樣一說，剛開始我好像是這麼想的。

人類為什麼對細胞不太了解呢？

細胞？不知道，我不知道啦！走開。

我們是多麼地盡心盡力，還有我們準確來說到底在做些什麼事情，

為什麼人類一點都不好奇呢！

不想知道！我要打電動！

所以，我想告訴所有人，細胞和人類的關係其實非常緊密。

說著說著，就想到了這些事！我有沒有說得簡單易懂呢？大家都理解了嗎？

噗哈哈！

喂！你幹麼擔心這種事啊！真要這樣的話，你還不如多生產一些物質！不要一直說廢話！

咦？你是……之前那個厚臉皮的人類！

呼……！

哐噹噹

我們也在此告一段落囉！這段期間希望您過得愉快！

這真是一段漫長的旅程對吧？

這段時間以來，辛苦你了！

MEMO

知識館 知識館系列 023

肉眼看不見的世界 1：忙碌的細胞小將

너무 작아서 눈에 보이지 않는 것들 1 : 눈코 뜰 새 없이 바쁜 세포의 하루

作　　　　　者	Old Stairs 編輯部（올드스테어즈 편집부）
譯　　　　　者	劉玉玲
專 業 審 訂	蘇立心
語 文 審 訂	曾于珊
封 面 設 計	張天薪
內 文 排 版	許貴華
行 銷 企 劃	蔡雨庭・黃安汝
出版一部總編輯	紀欣怡

出　　　　　者	采實文化事業股份有限公司
業 務 發 行	張世明・林踏欣・林坤蓉・王貞玉
國 際 版 權	施維真
印 務 採 購	曾玉霞
會 計 行 政	李韶婉・許俽瑀・張婕莛
法 律 顧 問	第一國際法律事務所　余淑杏律師
電 子 信 箱	acme@acmebook.com.tw
采 實 官 網	www.acmebook.com.tw
采 實 臉 書	www.facebook.com/acmebook01

I　S　B　N	978-626-349-531-9
定　　　　　價	420 元
初 版 一 刷	2024 年 1 月
劃 撥 帳 號	50148859
劃 撥 戶 名	采實文化事業股份有限公司
	104 台北市中山區南京東路二段 95 號 9 樓
	電話：(02)2511-9798
	傳真：(02)2571-3298

國家圖書館出版品預行編目資料

肉眼看不見的世界 . 1, 忙碌的細胞小將 ; 劉玉玲譯 . -- 初版 . -- 臺北市 : 采實文化事業股份
有限公司 , 2024.01
176　面 ; 26*19　公分 . -- (知識館系列 ; 23)
譯自 : 너무 작아서 눈에 보이지 않는 것들 . 1: 눈코 뜰 새 없이 바쁜 세포의 하루
ISBN 978-626-349-531-9(平裝)
1.CST: 細胞學 2.CST: 繪本

364　　　　　　　　　　　　　　　　　　　　　　　　　　　112019271

采實出版集團
ACME PUBLISHING GROUP